人居动态 IV
2007
全国人居经典建筑规划设计方案竞赛获奖作品精选
QUANGUO RENJU JINGDIAN JIANZHU GUIHUA SHEJI FANGAN JINGSAI HUOJIANG ZUOPIN JINGXUAN

中国建筑工业出版社
China Architecture & Building Press

PREFACE
前言

中国城市规划学会副理事长、原建设部总规划师陈为邦先生在颁奖大会上的讲话（有删节）：

……我们在安排城市发展中，首先应当保障城市的安全，考虑大多数人的利益和要求，必须全面考虑各个方面的利益，必须考虑大多数人的利益。城市规划作为政府行为和公共政策，就必须首先考虑公共安全和公共利益。……

……当前，需要大力加强中小户型住宅的设计和研究，为改善住宅供应结构作出努力！……

……在城市，基础设施是城市赖以生存和发展的物质基础，就是公共物品。在城市规划中必须保证它们不受其他建设的影响并且不断发展。在建设人居环境时，需要更多地关心和注意公共物品建设和公共利益的保护。在社会主义新农村建设中，在关心改善农民住房的同时，我们需要更多地关心农村公共设施的规划和建设。……

……在不同的国家，在不同发展阶段，对不同的消费档次，有不同的"经典"。今天我们提倡首先为大多数人的需要去创造"经典"。……

全国政协委员、中国建筑学会理事长、中国房地产业协会会长、原建设部副部长宋春华先生在颁奖大会上的讲话（根据录音记录有删节）：

……评奖过程中专家们注重的是在理念的创新上是否有突破，是否更好地坚持以人为本，是否将节约资源、能源和可持续发展的理念贯彻到方案设计之中。这个奖项还十分注重新技术、新材料的应用，倡导和引领一种科学的建设模式和消费模式。……

……我希望广大的城市规划师、建筑设计师、风景园林设计师要积极探索出一条符合中国国情的人居建设发展之路，特别是中小套型、中低价位适合广大人民群众的人居建筑和人居环境。……

CONTENT
目录

大型住区 …………………………… 008

高层及多层住区 …………………… 100

低密度住区 ………………………… 186

LARGE-SCALE COMMUNITY
大型住区

北京	水墨溪林……………………010
东莞	东莞南城……………………016
嘉定	金地格林风范城……………026
汉口	金银湖………………………034
沈阳	27度空间……………………046
青岛	长江路居住示范区…………052
西安	融侨紫薇馨苑………………058
深圳	振业城………………………066
福建	泰禾红树林…………………076
重庆	江北农场……………………082
湖北	冰晶新天地…………………092

水墨林溪

楼盘档案

开 发 商　北京龙建集团
设计单位　清华大学建筑设计研究院

经济技术指标

用地面积　44.37hm^2
建筑面积　63.60万m^2（含阳台面积）
容 积 率　1.26
绿 化 率　48%
总 户 数　5000户
停 车 位　3000个

水墨林溪位于北京房山区西南方向窦店镇附近，窦店镇是北京市33个重点小城镇之一。东临京石高速副线"窦大公路"，南临长周公路，北与京周快速路相接，现通往居住小区的有多条公路和车线，交通极为便捷。

简捷高效　人车分流

设计中采用人车分流，简捷高效的车行及入户系统，外环为简捷高效的车行道，内环为幽静休闲的步行道，同时集中便利的服务配套设施，方便居住者生活，充分体现"以人为本"的设计理念。

"依山而居、活水穿村"

整个居住小区由一条蜿蜒的龙形园林贯穿始终，其中有溪流瀑布、坡谷草地、多功能文化广场、潋滟的湖景。整个园林特色为典型的中式风格，凸显出自然与古典相交融的典雅之美。在各组团中央均设置集中的绿地与水景，并将绿地渗透到各个楼前楼后，保证绿化景观的均好性；根据地形的沟壑现状，依势创造了独特的峡谷景观；组织借景，构成富有自然情趣的居住园林。

现代手法表达古典意蕴

户型设计上注重户型的功能性、经济性和适用性，将两居室建筑面积定位在90m^{2}左右，三居室建筑面积定位在120m^{2}左右。仔细推敲每个使用空间适宜的开间和进深，住宅朝向呈南北向布置，并充分采用自然通风、采光等措施。

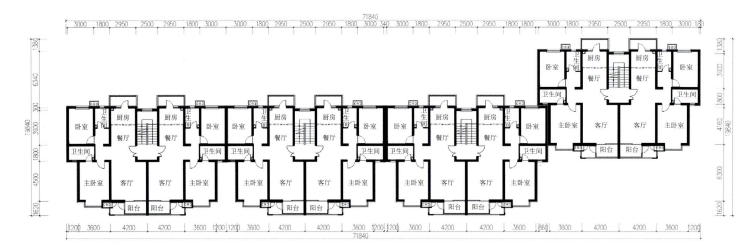

C1户型标准层平面图

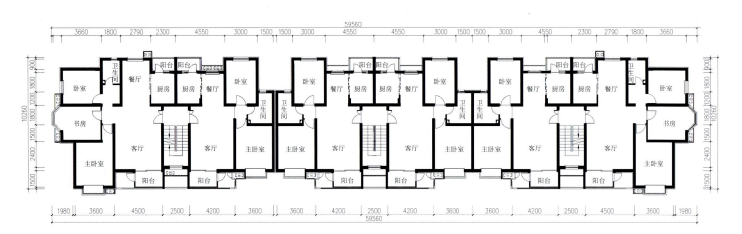

C2户型标准层平面图

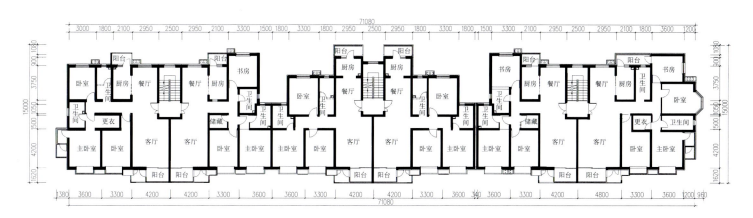

D1、D4户型标准层平面图

民族特色

在室外环境上设计了具有中国特色的院落空间，富有艺术感和归属感的院落空间可改善住户的邻里关系，利于构建和谐的居住社区；同时在立面造型上设计了极具中国特色的木构架，并采用中国古代建筑特有的色彩——白墙红柱。

东莞南城

楼盘档案

开 发 商　深圳市建设集团
设计单位　华森建筑与工程设计顾问有限公司

经济技术指标

用地面积　26.1hm²
建筑面积　43.063万m²
容 积 率　1.65
绿 化 率　61%
总 户 数　3375户
停 车 位　2475个

东莞南城地块位于东莞市南城宏图工业区宏二路、宏一路与东莞大道交会处，东莞大道以西，宏六路以东，总占地约26.1hm²。项目地块南边是拟建的金众葛兰溪谷，北边是在建的大型五金市场，东边是水濂湖水库及水库公园，西边主要是建材市场、工厂等，基地内部场地平整条件优越。

生长型居住区规划

环形交通路网在南北两个地块分别由居住建筑与公共建筑包围形成道路节点——广场。在居住结构与道路的组织原则上，这样的中心广场式、环状路网布局作为生长型居住区还是相当具有代表性的。

设计中设置了三个小型社区广场，这些广场的存在使居住区的空间结构有了良性的开合变化，创造了宜人的场所。社区广场具有严整的几何形态——圆形和椭圆形，这是巴洛克时期广场的经典形式。半圆形广场和椭圆形小广场与景观绿带和步行道相连，因此必将成为居民休闲娱乐的良好所在。而另一个圆形的小广场则力图创造车行节点的空间变化。

"模型化"弯曲的环形路网

本规划采用主体路网由一个比较规则的环状路网与市政道路连接而成，并呈近似方形的结构，它是小区主要的车行交通线。模仿自由生长型居住区所做的道路具有"模型化"的弯曲，而且变化多局限在转折及广场处，道路幅宽12m，两侧留有2.5m人行道。

"F"形格局绿化系统

绿化系统总体上呈倒"F"形格局——在中央设置一条贯穿二个地块，宽度约80m左右的变截面中心绿带，同时由于居住区住宅多数采用围合的街坊式布局，宅间均有较大量的绿化内院，同绿带相互渗透，这套绿化系统极大地提升了魏玛公园作为花园居住区概念的说服力。

因地制宜、方整实用的单体

小区的住宅平面设计本着因地制宜、方整实用的原则，所有主要功能房间尺寸结构合适，景观朝向良好，辅助功能位置尽量隐蔽便捷，方便操作。更引入了超大入户花园、赠送错层超高露台，三面环绕的复古合院式观景露台，赠送入墙式衣柜等新概念。

会所等公共建筑依广场而建，形式活泼，同时完美地契合了广场的形态；商业店铺沿主要道路两侧展开，形成一道连续的商业界面，可提高该地块的商业价值，同时减少商业对小区内部住户的干扰。

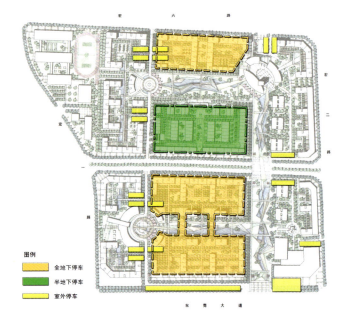

停车分区分析图

交通流线分析图

景观绿化分析图

功能分布分析图

户型分布分析图

独具魏玛风情的立面设计

立面力求简洁，用梁、柱、墙等构成简洁的框格，平窗与凸窗、阳台与落地窗交错使用，统一而变化的外墙，配以局部的色彩和形式的变化，以简洁的手法创造丰富的立面效果，而又不失稳重、大气，在我们自己的风格基础上再现了魏玛风情。

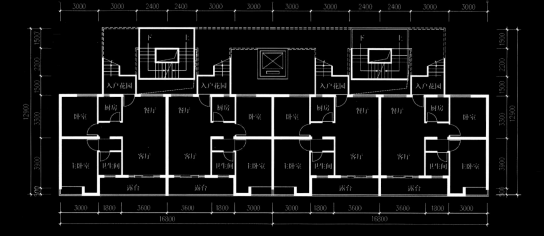

B单元奇数标准层平面图

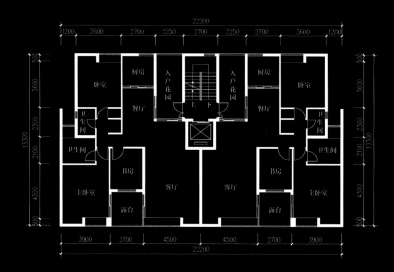

C单元标准层平面图

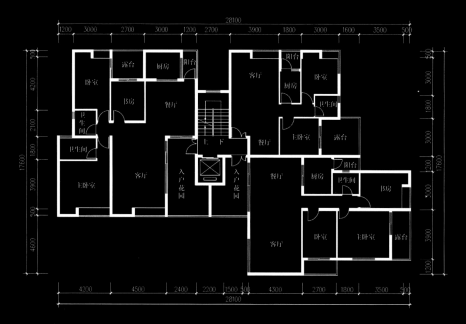

D单元标准层平面图

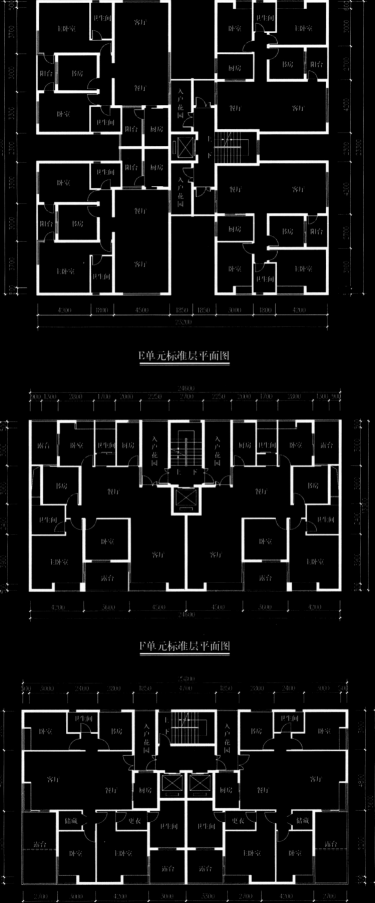

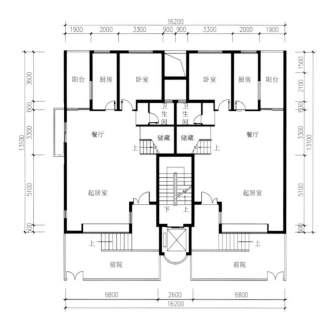

I单元(叠加别墅)E1下层平面图

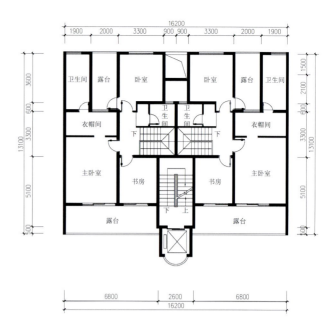

I单元(叠加别墅)E1上层平面图

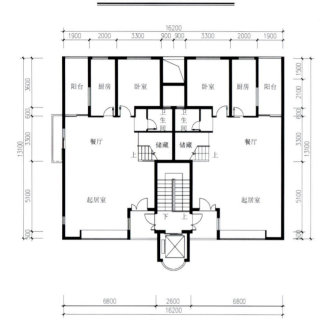

I单元(叠加别墅)E2下层平面图

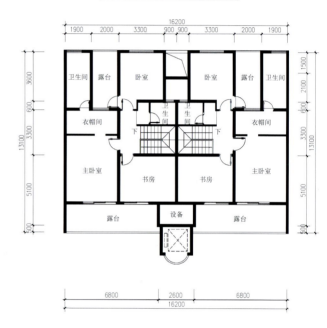

I单元(叠加别墅)E2上层平面图

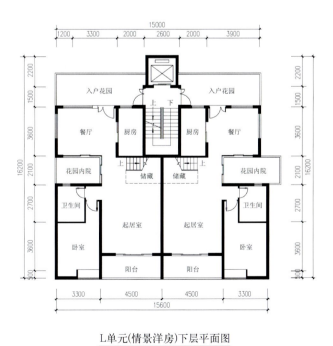

L单元(情景洋房)下层平面图

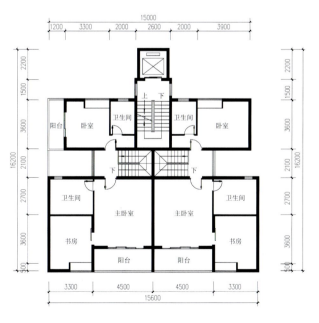

L单元(情景洋房)上层平面图

东莞南城 25

金地格林风范城

楼盘档案

开发商　金地集团上海公司
设计单位　上海翌德建筑规划设计有限公司

经济技术指标

用地面积　26.786hm²
建筑面积　18.494万m²（地上）
容积率　0.69
绿化率　36.2%
总户数　1044户
停车位　926个

金地格林风范城位于嘉定区南翔镇区东部，本次规划C、F、G地块范围北至沿绿路，南至吾尚塘，西至瑞林路，东至宝翔路，规划区总用地267862m²。地块内两条规划道路——芳林路、河栖林路从基地中穿过。现状地势较平坦，建筑主要是民宅，规划全部拆除。

半私密居住组团的整体规划布局

本次规划用地由C、F、G三个地块组成，总体布局以半私密型居住组团为元素进行设计。C地块沿四周道路布置数个居住组团，并于内环路内地块由不同方向再插入两个居住组团，自然留出一条曲折型的公共绿化系统。F地块在靠近吾尚塘的位置规划人工岛屿，布置少量住宅，剩余地块依然采用组团，布局留出曲折型公共绿地，G地块吾尚塘北侧规划商业办公建筑，剩余布置中高层住宅。

相对独立又彼此呼应的道路系统

三地块道路系统相对独立，又彼此呼应。C地块以内环主干道为框架，枝状道路为联系，F地块以外环干道为框架，次干道以小环形式依附于主环上，C、F地块内形成独立的步行系统。G地块形成两条步行带，交汇于宝翔路与吾尚塘滨河绿化带相会处，并形成广场。C、F地块采用自带停车位、架空层停车相结合的方式，并配以少量地面停车。G采用地下停车和地面停车结合方式。

中央曲折型绿化景观系统

C、F地块均以中央曲折型绿化系统为景观主轴线，在景观主轴线上布置几个景观节点，营造中心景观，提升小区景观效果。F地块岛屿与小区主干道相切，居民在驱车出行或回家时可以享受优美景观。G地块在宝翔路和吾尚塘滨河绿化带交汇处形成广场景观节点，成为风情街的亮点。

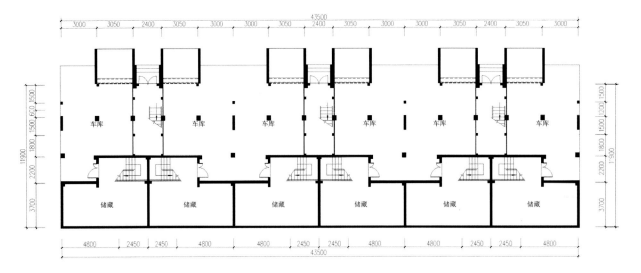

D户型架空层平面图

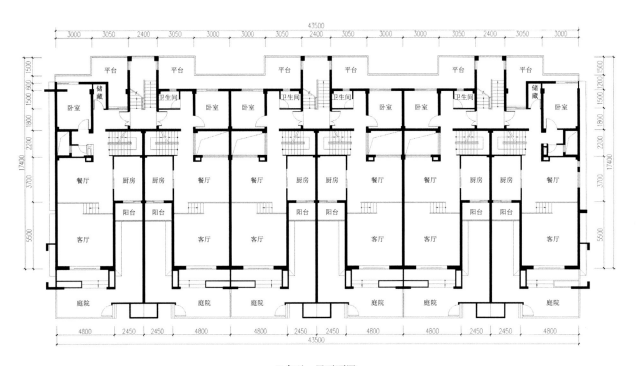

D户型一层平面图

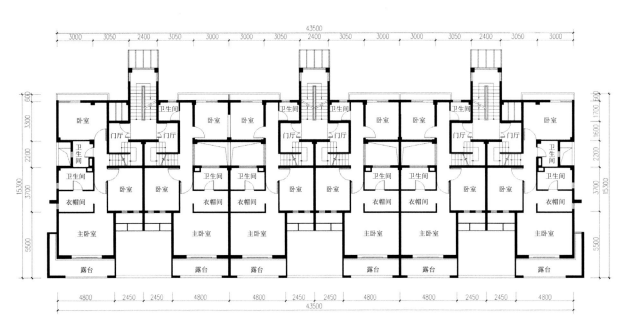

D户型二层平面图

30 金地格林风范城

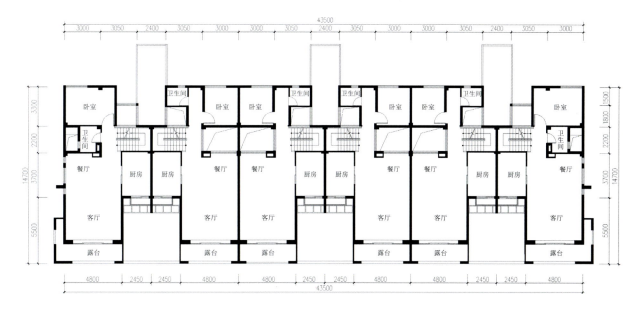

D户型三层平面图

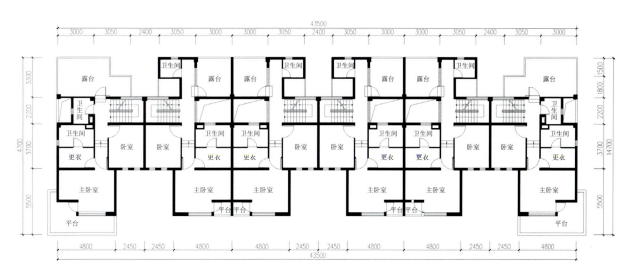

D户型四层平面图

金地格林风范城

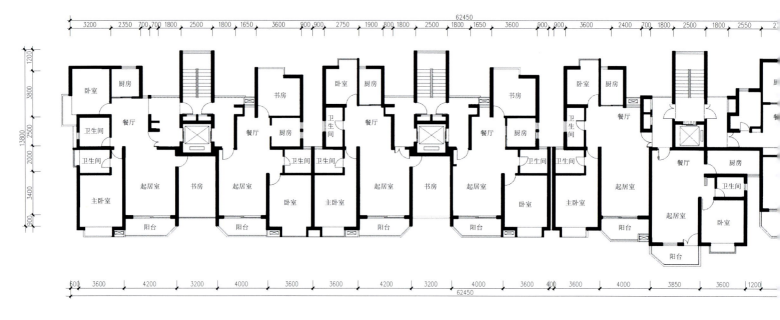

1、2、3号楼标准层平面图

个性化单体设计

住宅设计因地制宜，规划以多层为主，中高层作点缀。设计强调个性化，在各个方面追求创意。公建设计采用现代设计手法，力求体现时代特色与技术特征，布局合理，形式新颖。

金银湖

楼盘档案

开 发 商　西安融侨房地产有限公司
设计单位　中联西北工程设计研究院

经济技术指标

用地面积　30.1hm²
建筑面积　54.0万m²
容 积 率　1.8
绿 化 率　35%
总 户 数　3366户
停 车 位　2395个

新恒基—金银湖基地坐落于汉口区靠近中环线，由常青路接金山大道至本地块。基地之北与金山大道之南是590m宽的城市绿化带，东临金南二路，南临张公堤二环线，西面为碧波浩渺的银湖，西北面为水域开阔的金湖。基地总占地面积451亩，呈不规则长条形，南窄北宽、地势平缓。

"双中心"的规划空间结构

社区中心集中在北部入口与湖滨中心两处布置，形成"双中心"的公共空间结构。在各组团之间形成公共联系纽带的，是由会所、幼儿园、商业步行街、沿街商业裙房、景观休闲广场、公共绿化空间等组成，为社区居民提供了一系列的公共活动场所，有利于营造静谧祥和、富有亲和力的社区氛围。一期工程延续并提升了总体规划的设计理念与布局手法，从"景观共享"、"休闲空间"、"围合组团"、"保护生态"、"人车分流"等方面，创造出一种富有诗意的栖息环境。

完全人车分流的路网结构

本规划采用完全意义上的人车分流体系，人走绿化空间，车行组团外围，力求形成整体、安全、便捷且与景观相结合的路网结构，从而确保行人的安全与司机的便捷。根据规划要求在基地北面的金山大道设置主入口，并且在东面的金南二路上设置两个次入口，以方便和满足社区主要车流、人流的通行需求。规划以一条主干道贯穿基地，将其分隔为几个居住组团。各地块内的步行环境也自成系统，结合一系列景观广场、活动场地，形成完整而富有层次的步行体系。

点—线—面的自然分布　律动式"可呼吸空间"

本规划组织有机生长的树形绿化系统，以线型绿化带贯穿整个社区，以线带点、以线带面，各景观节点、环境空间都沿"中央绿肺"自然分布，极大提高了住宅景观的均好性，同时，通过底层架空形成律动式的"可呼吸空间"使住宅像人一样富于呼吸。规划中以滨湖景观和原有生态为设计线索，并通过各种建筑及景观的设计手法，建立起从社区核心空间向组团绿地、庭园绿地延伸渗透的网络绿化体系。

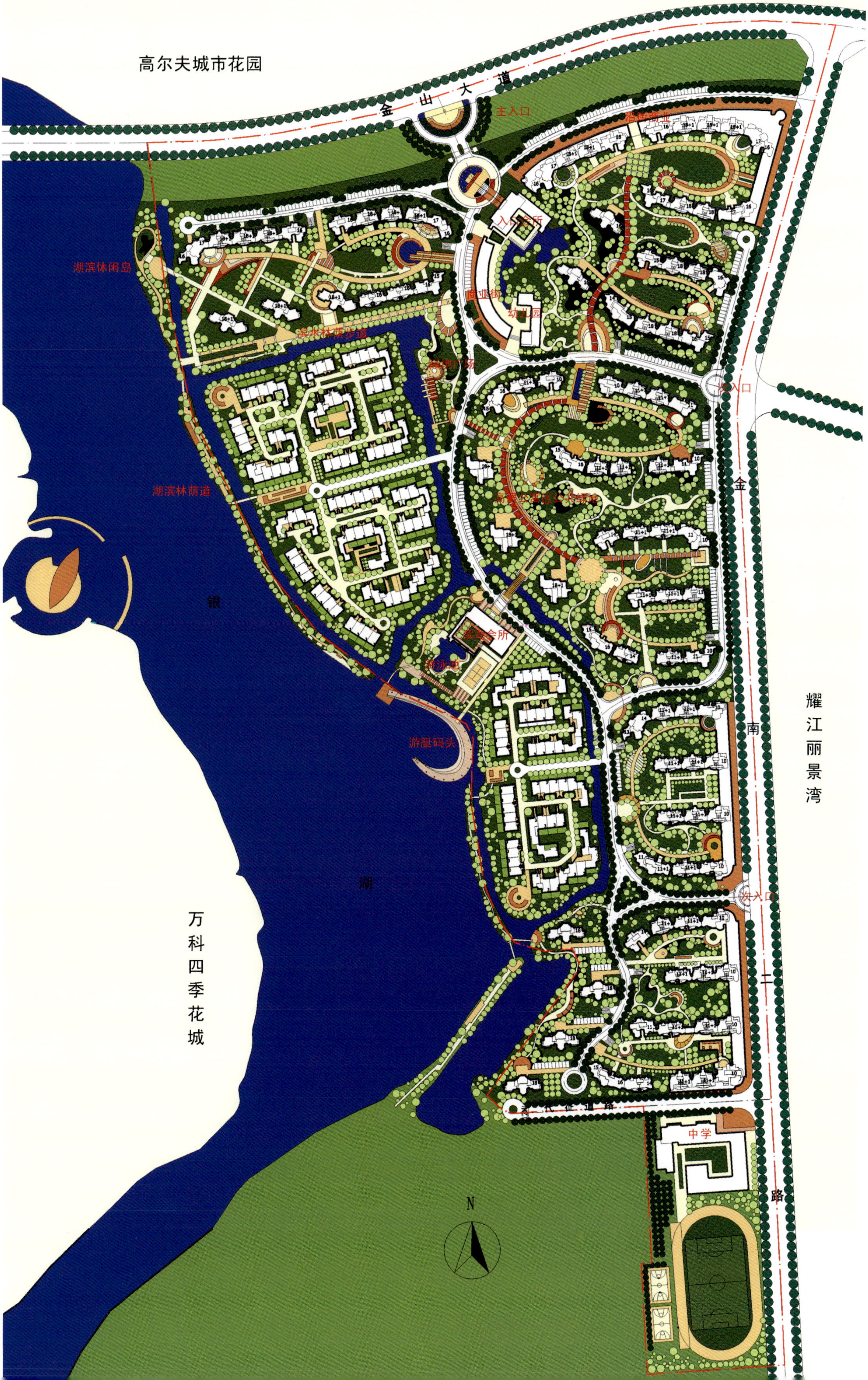

高尔夫城市花园

金山大道

主入口

湖滨休闲岛

滨水林荫步道

商业街

幼儿园

湖滨林荫道

耀江丽景湾

游艇码头

银

湖

万科四季花城

中学

金

南

路

N

功能分析图

绿化分析图

道路分析图

单体设计的整合性和可调性

各空间采用全明设计与穿堂风组织，各功能房分配合理，动静分区、客饭分厅，每单位均设入户门厅与储物空间，南向客厅配以1.8m深的休闲阳台，北向厨房配以1.2m深的服务阳台。户型景观的均好性、户型空间的整合性、户型房间的可调性是本设计的显著亮点。

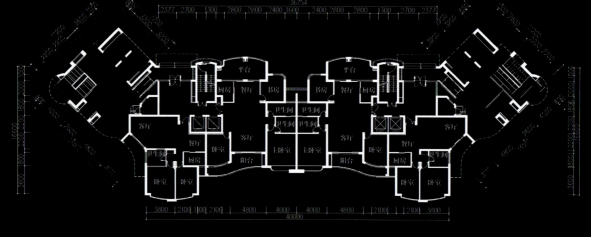

1栋住宅一层平面图

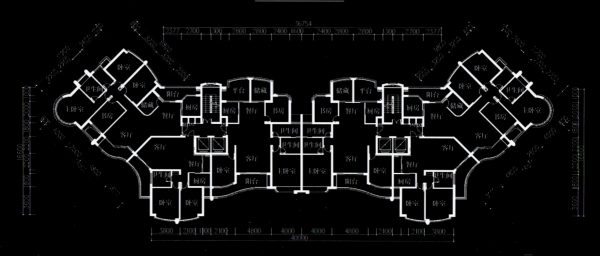

1栋住宅标准层平面图

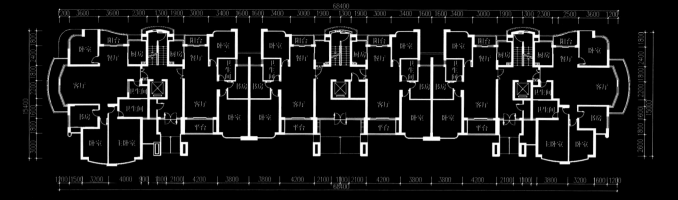

3栋住宅一层平面图

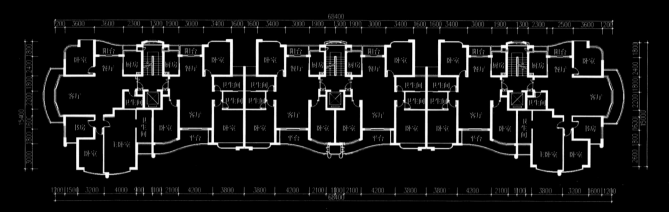

3栋住宅标准层平面图

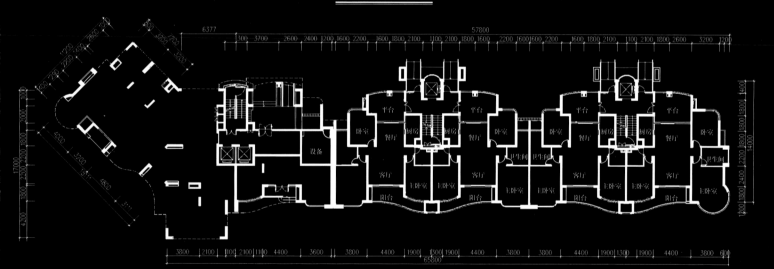

5栋住宅一层平面图

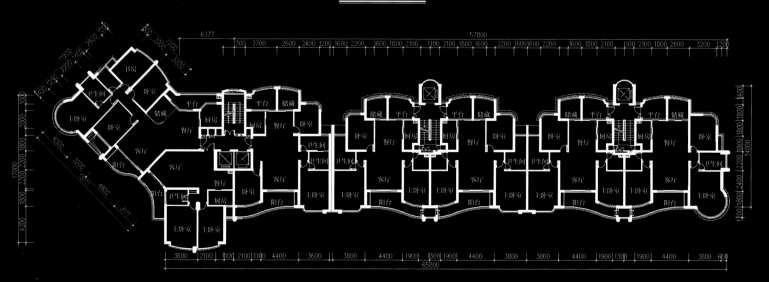

5栋住宅标准层平面图

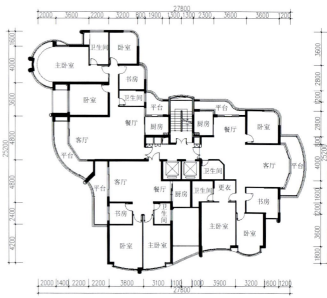

9、10、11栋住宅标准层平面图

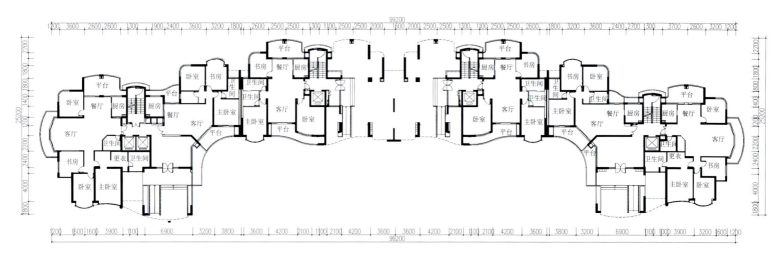

4栋住宅一层平面图

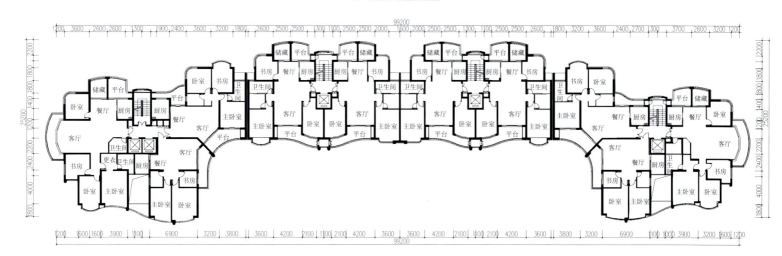

4栋住宅标准层平面图

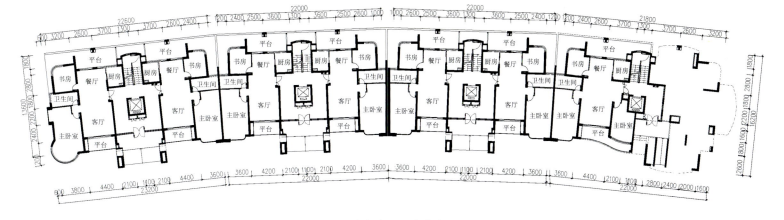

8栋住宅一层平面图

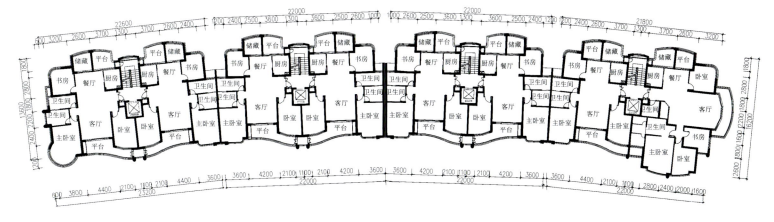

8栋住宅标准层平面图

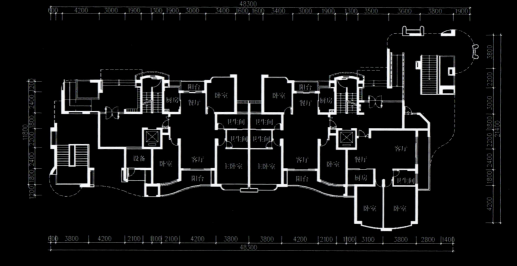

2栋住宅一层平面图

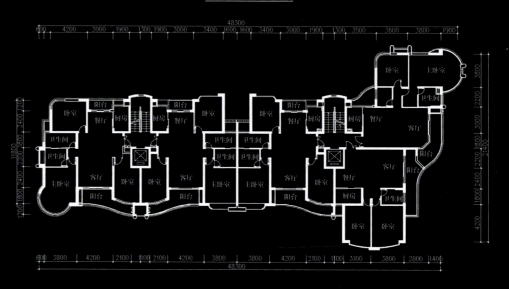

2栋住宅标准层平面图

项、精心设计、大胆尝试的原则,将目前国内外建筑、部品体系中较成熟的成套技术加以集成运用,提升小区的技术含量。

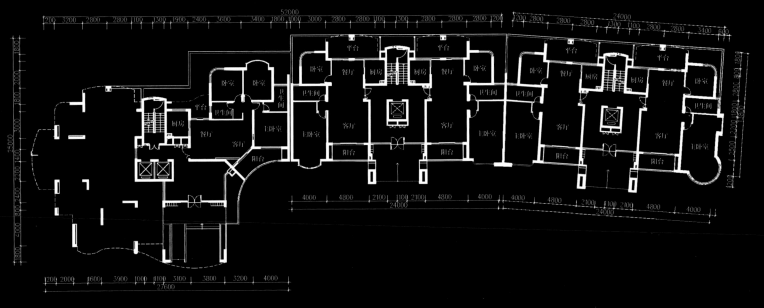

7栋住宅一层平面图

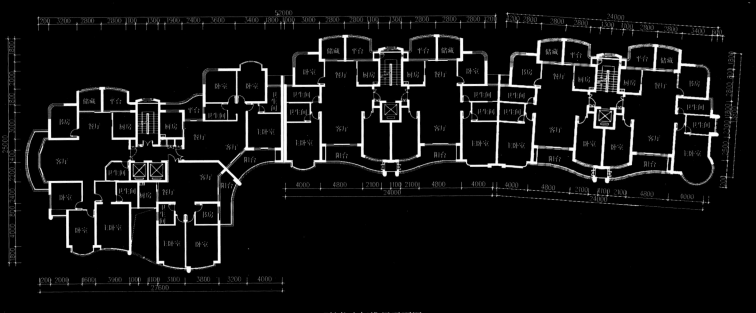

7栋住宅标准层平面图

27度空间

楼盘档案

设计单位　沈阳BDG建筑工程设计事务所
　　　　　　沈阳建筑大学建筑研究所

经济技术指标

用地面积	67.36hm²
建筑面积	100.37万m²
容积率	1.71
绿地率	35.97%
总户数	7136户
停车位	3561个

概况

住区位于沈阳市二环以内，公共服务设施配套齐全。基地北邻东贸路，南临东陵西路，与中安一期相毗邻。

相互渗透、高低错落的规划空间

高层建筑与多层建筑相间布置，围合出各自不同的院落中心。根据组团中心、利用空近间避免对其他住宅的遮挡、铁路两侧形成绿化空间的相互渗透等原则，规划形成高低错落的建筑空间。

"中心，多组团"发散景观结构

通过渗透、借景、对景等手法，建立与城市公园的景观联系，在小区形成"中心，多组团"的发散型的景观结构。注重内部景观体系多层次、多样化的塑造，以"小区中心——组团合院——宅前绿地——空中庭院——室内花园"层层渗透。

完整人车分流道路系统

根据不同组团情况采用人车分流和人车半分流两种系统，人车分流系统采取外围式道路，汽车通过车行路直接进入停车库。停车系统采用地面停车、半地下停车、底层架空一层停车等不同的方式。

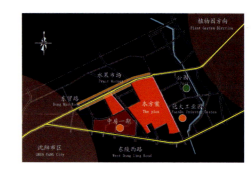

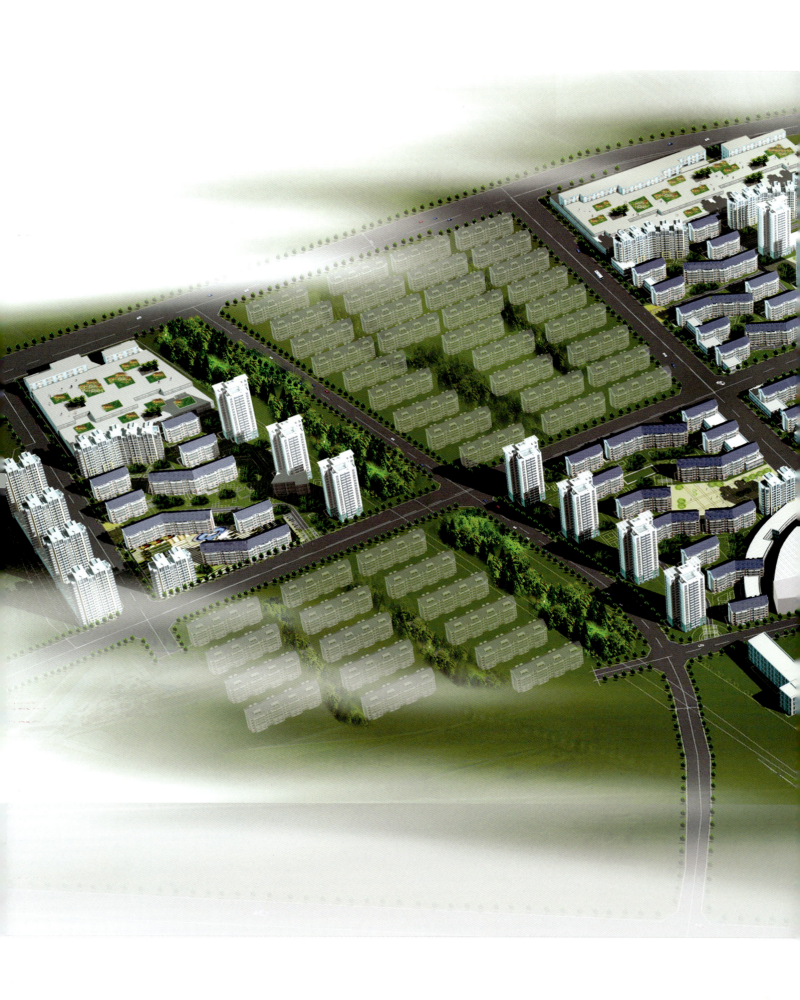

多样化户型设计体现人性化

面积从40～120m²不等，以满足不同阶层的使用要求。梯旁中庭、室内花园等概念的引入，使户型呈现多种多样的形式。

结合气候特点形成专有节能设计

结合沈阳的气候特点，小区建筑朝向在南偏东0和27度之间，便于建筑利用自然的采光和通风。建筑纵深控制在12m以内，户型设计确保自然穿堂风，个别"双阳"户型进深也控制在6m，保证室内通风换气。采用专用通风道，克服了没有"穿堂风"的缺陷。同时，根据沈阳夏季太阳高度角，设计必要的遮阳设置避免夏季过热。

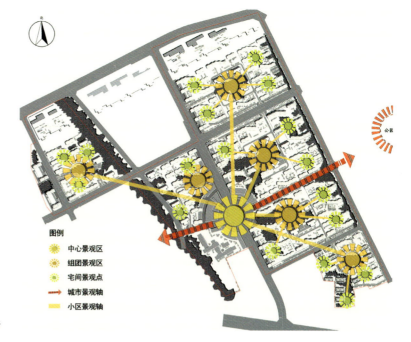

景观分析

绿化分析

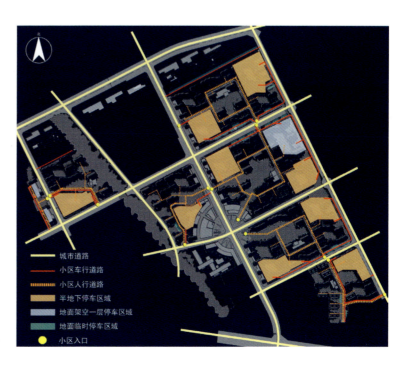

交通分析

长江路居住示范区

楼盘档案

开 发 商　青岛经济技术开发区城市建设局
　　　　　长江路街道办事处
设计单位　上海同济城市规划设计研究院

经济技术指标

用地面积　43.50hm² （北区）
　　　　　45.90hm² （南区）
建筑面积　49.96万m² （北区）
　　　　　49.72万m² （南区）
容 积 率　1.15 （北区）
　　　　　1.08 （南区）
绿 地 率　43.8% （北区）
　　　　　42.1% （南区）
总 户 数　4320户 （北区）
　　　　　4001户 （南区）

黄岛区长江路示范区位于青岛经济技术开发区的西南部，东临开发区建成区，南距唐岛湾湾岸仅千余米，西为珠山风景区，北为建成区，规划区域面积约95.7hm²。地块东侧为城市南北主干道江山路，红线110m；南侧为城市东西主干道长江路，红线50m；西侧有城市南北主干道昆仑山路，红线70m。地块内部有南北向城市次干道峨嵋山路，红线45m；东西向城市次干道富春江路，红线35m。

弧线形整体规划体现韵律感

整个居住区围绕自由的弧线形小区主要道路展开，既富于整体感，又体现变化和韵律感。在主要出入口附近利用高层、中高层使建筑排列丰富舒展，形成良好的天际轮廓线。在小区中心通过建筑布局围合空间，形成大面积带形绿地，并以绿地为主线，联系周边组团和建筑。住区的天际轮廓线亦形成弧线，增强空间流动感。

弱化城市道路　人车部分分流

规划区内车行道路系统分三级。弧线形道路配以两侧高低错落、方向变化的建筑，使人在行路中产生步移景异的动态景观效果。把穿越小区的车行道路设计成为具有亲切家园氛围的林荫路，弱化城市道路的环境特点，同时也使小区富于整体感。居住区内部考虑人车部分分流的形式，减少车行线对开敞空间整体的干扰。

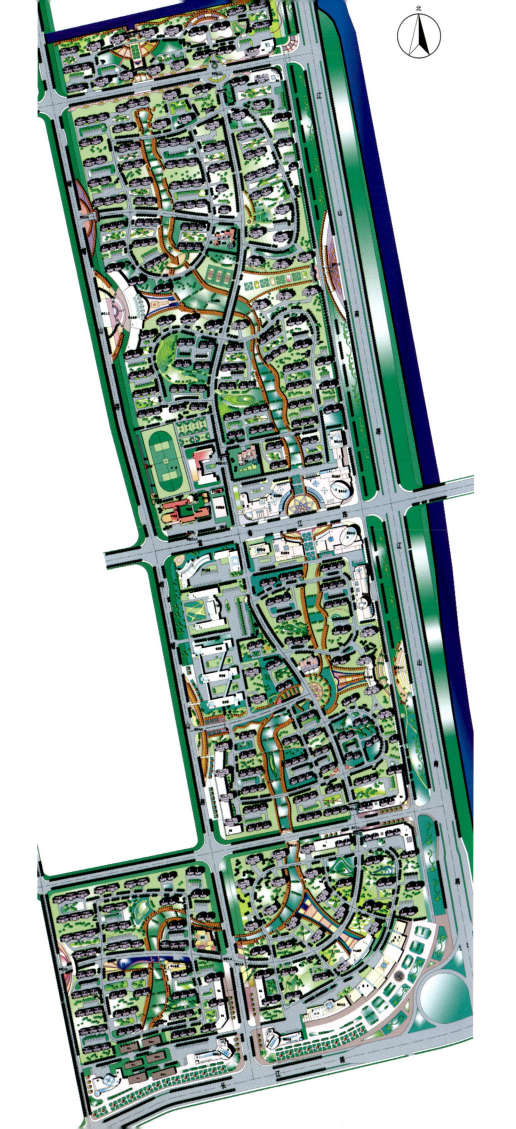

"出门见绿""众星捧月"的环境设计

绿化系统由中心绿化、组团绿化、宅前绿化、立体绿化组成。规划中结合南北住区中心大规模集中绿地,形成东西向的步行绿化景观轴线,运用借景的设计手法,在视线上连接基地两侧山体,以形成"出门见绿"的生态型人居环境。庭院空间绿化经由纵向绿带的穿插组织,形成"众星捧月"的环境设计主题。

竖向规划设计

本区地势西北高,东南低。现状地势最高点位于区内西北角,超过13m,最低点位于6号线南侧,约3~4m。规划道路及场地标高顺应现有地形。其中,道路纵坡不小于3‰,建筑室内地坪标高高于室外场地标高0.6m。

长江路居住示范区

绿地系统分析图

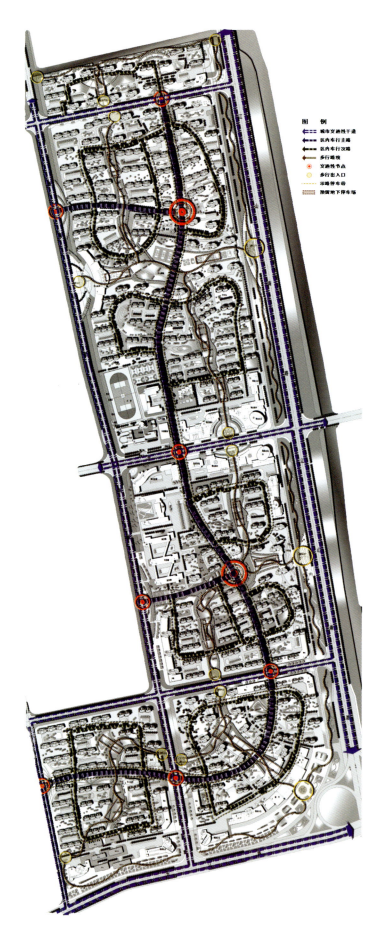

交通流量分析图

56 长江路居住示范区

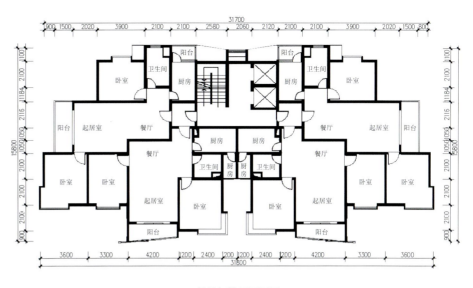

6号楼标准层平面图

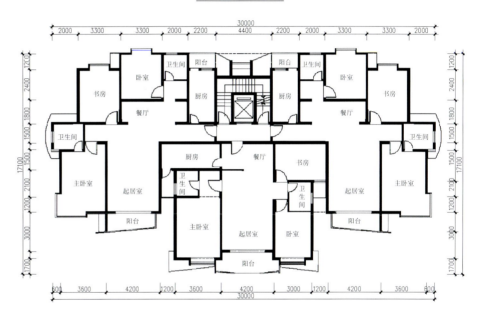

8号楼标准层平面图

融侨紫薇馨苑

楼盘档案

开发商　西安融侨房地产有限公司
设计单位　中联西北工程设计研究院

经济技术指标

用地面积　27.41hm²
建筑面积　74.764万m²
容 积 率　2.73
绿 化 率　40%
总 户 数　5473户
停 车 位　3500个

融侨紫薇馨苑项目地块位于西安市南郊太白南路南段,与城市主干道丈八东路、西万公路相临,交通便捷。项目用地位于信息基地中心位置,规划总占地27.41hm²。项目西临紫薇西坊和紫薇MALL,东至紫薇东坊,南至电子五路,北临电子信息路,与中铁住宅区和百米城市绿化带隔街相望,地形呈东西向长方形,较为方正。

小区—组团—院落的空间层次

构筑小区-组团-院落的空间层次,突出组团段落和空间的节奏感。环线内每个组团均有类似的结构关系。周边为车行道,中心为绿地,并与集中带状绿地相贯通。几种建筑布局形态的组合,既有行列式高效的土地利用模式和居住空间的均好性特质,又有类似街坊式的空间形式,同时组团化的空间分割创造了良好的邻里交往与合理的认知尺度。

相对的人车分流　完善的步行体系

车行以"准环形"的方式设置,由于小区被市政道路分为两大块,故将此市政路上的出入口弱化处理,将小区有机联系在一起。东侧出入口为主入口及一期入口,中间为一个渐进形开放广场,车行道在入口两侧分行。小区车行系统分为两级,主要的车行交通为小区的环行道路,相对的人车分流。完善的步行体系,具有良好的可达性,承接各功能单元。

融侨紫薇馨苑 59

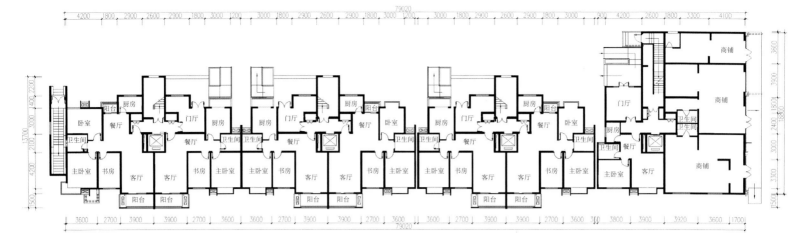

2号楼一层平面图

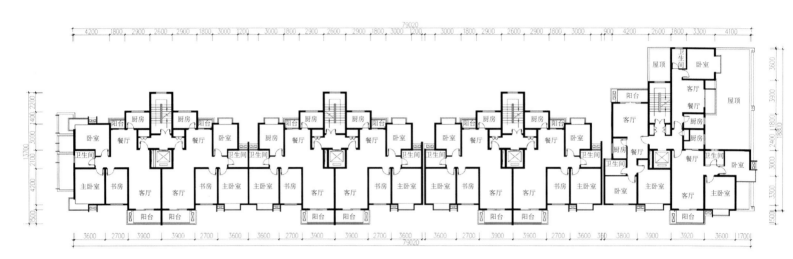

2号楼标准层平面图

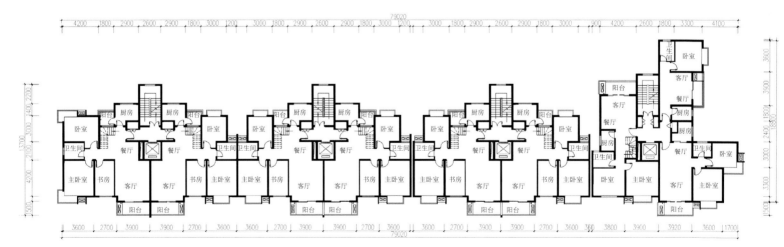

2号楼十六层平面图

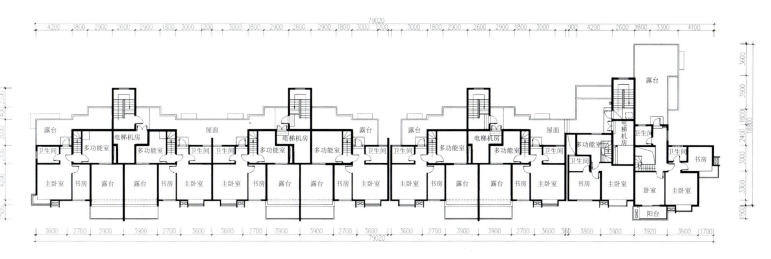

2号楼跃层平面图

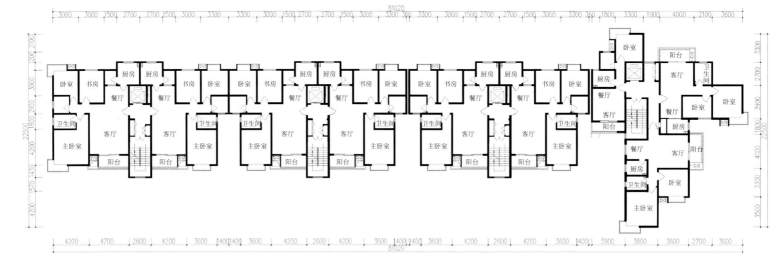

3号楼标准层平面图

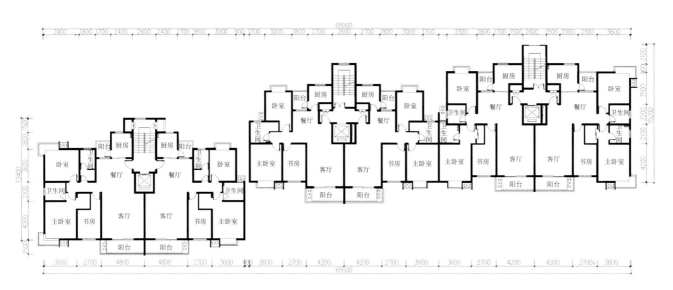

6号楼标准层平面图

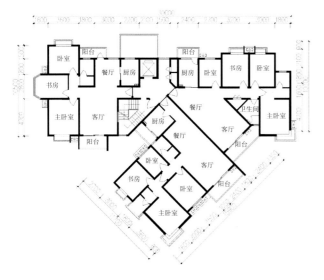

10号楼标准层平面图

水绿"庭园"参与式景观

利用地块中独有的裂缝创造出水、绿相融的自然环境风貌，营造西安首屈一指的文化水景生态园林景观带。集中绿地与组团绿化形成一个连续完整的形态。以"庭"作为小空间，在小区空间组织上以"园"作为大空间，这些"庭园"所组成的空间即形成了组团"苑"，其空间序列、空间对比和空间变化效果，极大地丰富了小区居住者的活动空间。人的活动与绿化景观相结合，设计成可进入参与式景观。

多样式的单体设计

在力求从粗放型向精致型转变，设计时通过对住宅空间的充分利用及对厨卫设施、室内物理环境进行精心处理，为住户提供一个良好的室内室外居住环境。局部住宅底层架空并以连廊相连，以保证中心景观的通透性，使景观得以在住宅底层沿地平面展开，利于视觉沟通。

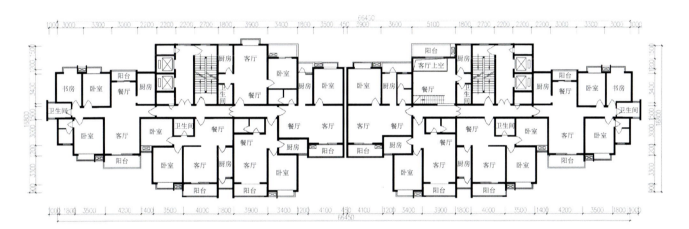

15号楼奇数标准层平面图

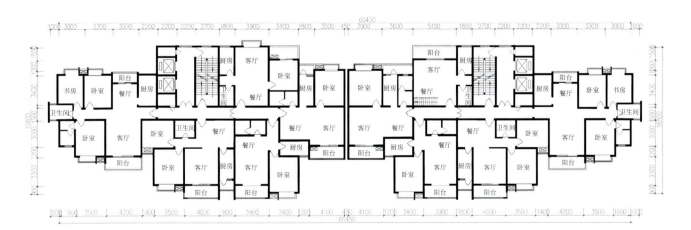

15号楼偶数标准层平面图

融侨紫薇馨苑 65

振业城

楼盘档案

开 发 商　深圳市振业（集团）股份有限公司
设计单位　华森建筑与工程设计顾问有限公司

经济技术指标

用地面积　　41.677hm²
建筑面积　　63.484万m²
容 积 率　　1.3
绿 化 率　　40%
总 户 数　　3402户
停 车 位　　2710个

深圳振业城位于深圳市龙岗区的广东省绿色生态示范镇——横岗镇六约片区，距深圳市区18km。振业城项目总用地面积41.67hm²。本项目地形复杂，用地地势北高南低，为南向坡地。沿深惠路东西向高差16m，沿梧桐路南北向高差15m，沿深峰路南北向高差30m，沿环城北路东西向高差22m，地块中部的普安西路东西向高差约为7m。

生长型居住区规划

规划设计充分结合地形，因地制宜，提出了灵活自由的岛式组团布局概念。每个岛式组团规模为40～60户，有机散布于中心湖区周围。组团间平滑自由的曲线界面，非常适宜组织小区自然通风，形成良好的室外风环境。建筑主体朝向以南北向为主，并考虑市政道路的影响，沿市政路设置了三条横向公建带。

曲线状小区内环通道

沿西侧深峰路、东侧梧桐路中部及普安西路引入小区主要车行出入口，车行流线在1号、2号地块之间形成曲线状小区内环通道，连接各个组团。组团内部为尽端式枝状车行流线，既保证联排住宅交通的便捷性，又能最大限度减少车流在小区内部的穿越。

景观分析图

结构分析图

三条带状横向公建带

沿南侧深惠公路，中部普安西路，北侧环城北路分别布置三条带状横向公建带，南侧更布置为有一定厚度的风情商业街和公寓，以有效降低市政路的噪声进入中部住宅组团，营造安宁的小区声环境。

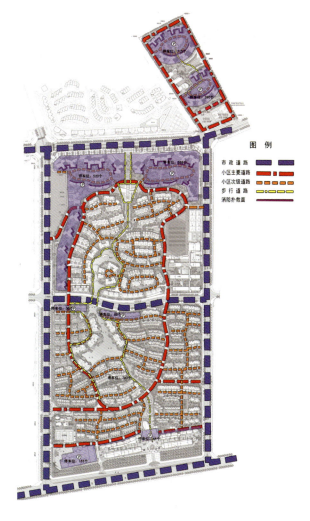

交通分析图

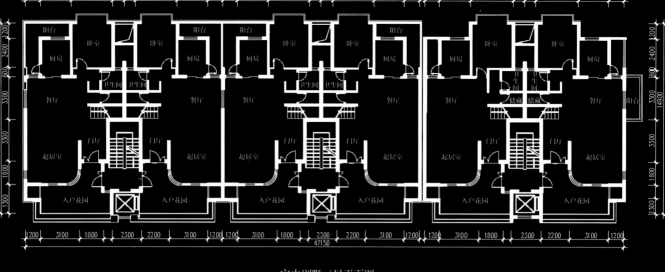

空中别墅二层平面图

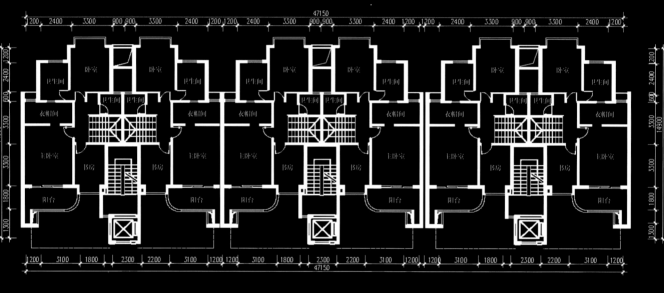

空中别墅三层平面图

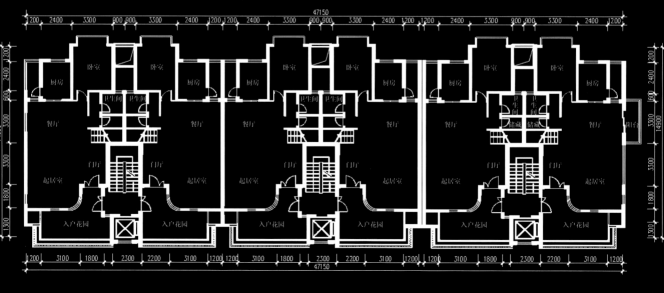

空中别墅四层平面图

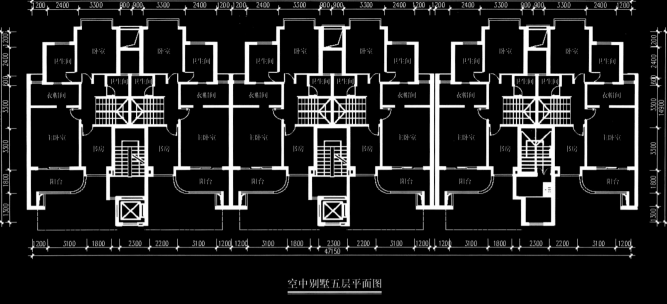

空中别墅五层平面图

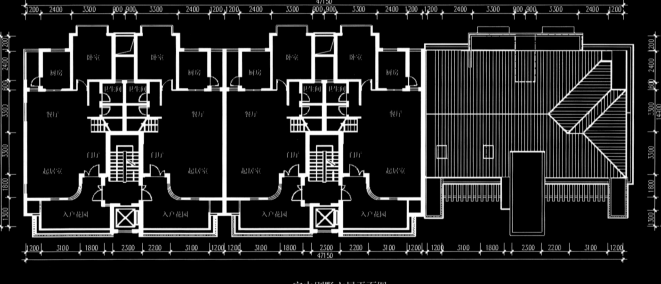

空中别墅六层平面图

节能及可再生资源的利用

　　针对小区、组团的自然通风模拟设计，根据模拟结果，小区H组团部分建筑空气龄较高，因此取消了原规划方案D组团西北角住宅一栋，使1#地块西北角建筑周围空气龄显著降低，所使该部分风速有了一定的提高，有效改善周围的自然通风环境。

联排住宅半地下室平面图

联排住宅一层平面图

联排住宅二层平面图

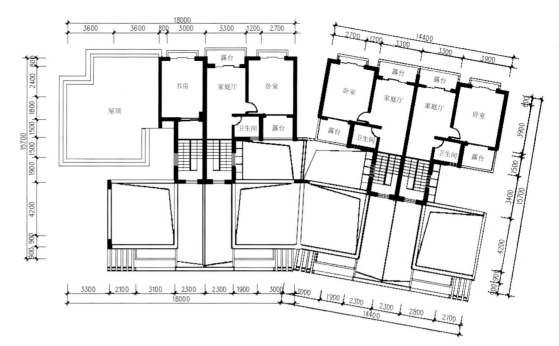

联排住宅三层平面图

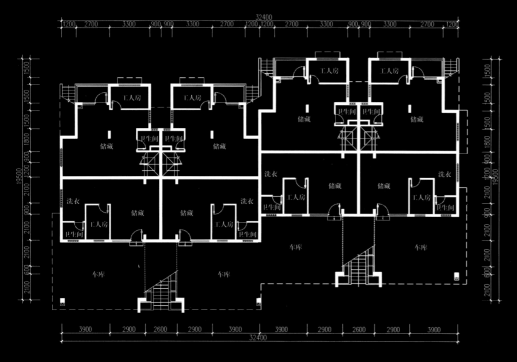

叠加住宅半地下室平面图

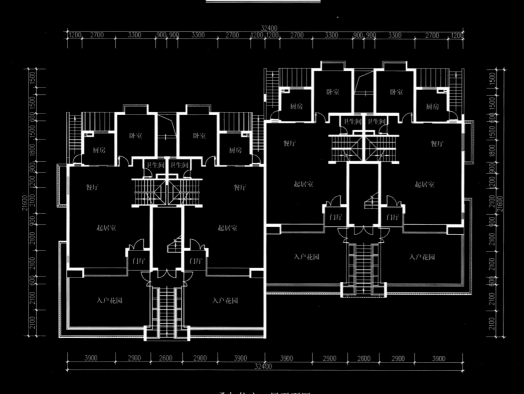

叠加住宅一层平面图

层次丰富的立体设计

在联排住宅中设计了三重庭院空间：入口前院，中部内院，后部花园。端部单位的内院侧面打开，形成独特的"弓"字形平面，并与前

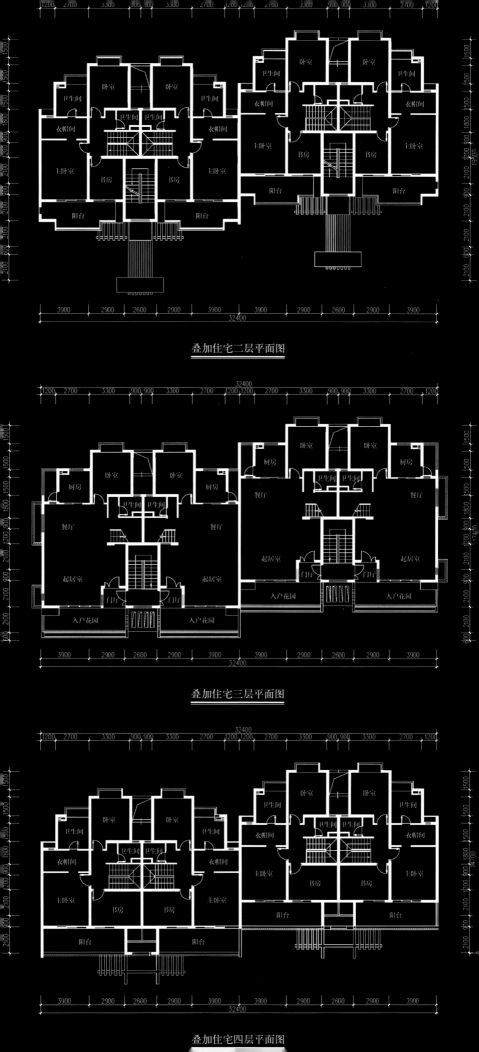

泰禾红树林

楼盘档案

开发商　泰禾（福建）集团有限公司
设计单位　中建国际（深圳）设计顾问有限公司

经济技术指标

用地面积　43.103hm²
建筑面积　35.825万m²（地上）
容 积 率　1.8
绿 化 率　35%
总 户 数　2469户
停 车 位　2470个

泰禾红树林用地位于三环路与浦上大桥立交东南角，西侧为乌龙江规划范围，东至规划路，西至三环路，北临浦上路，南至规划河道。距市区8km。

后现代布局　户户观江效果

总体布局上，高层住宅建筑采用沿东侧规划路布置的方式。后退的高层住宅打破了沿江布置高层的序列形式。高层均沿南向偏转一定角度，以达到户户观江的效果。Townhouse布局上，采用了后现代房产邻里的设置布局，每个大组团内有若干小邻里组团组成。邻里空间中设计了入户平台等，形成了一个住户自身介入的空间。

功能分级的道路　丰富变化的印象

道路分级设计，按照功能分为景观道路、小区主干道、小区组团路、小区入户路四级。所有组团均在小区"口"字形道路骨架上开口进入组团。迂回曲折的H型路，引导进入者对建筑和环境从不同的角度得到丰富变化的印象。采用地上停车和地下停车相结合的设计方法。地上停车则采用周边停车和组团空间停车两种方式解决。

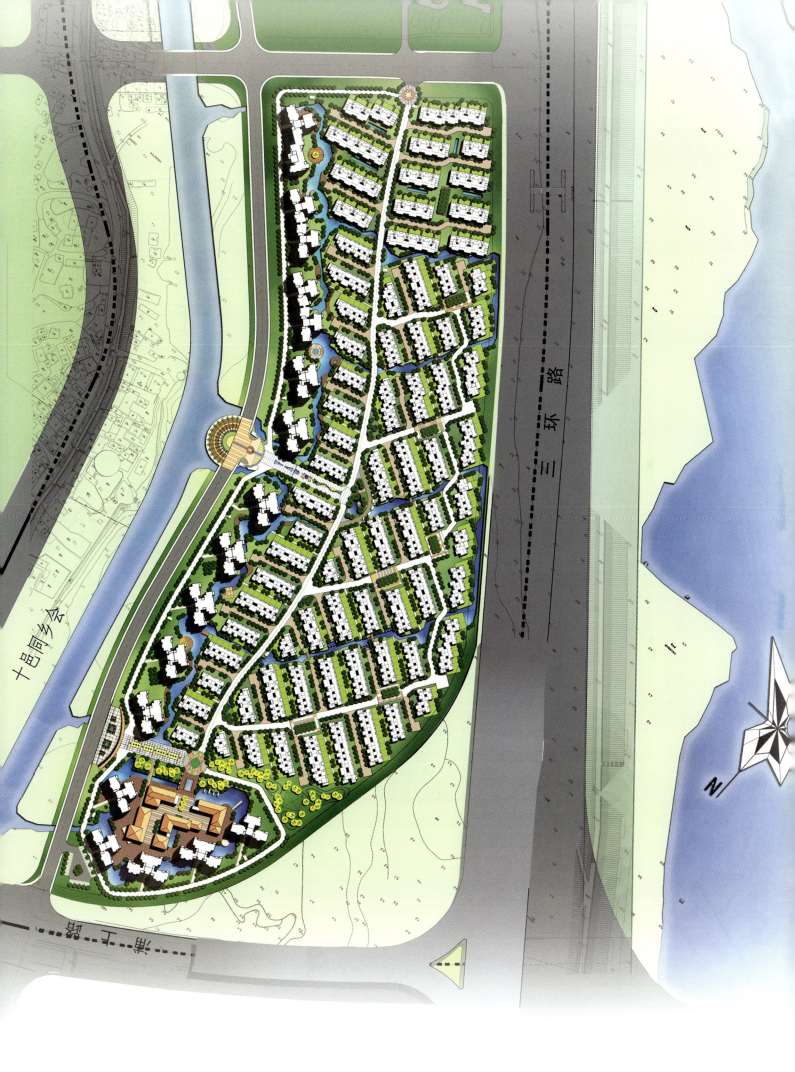

最大化利用资源　创造内部景观

最大化利用周边丰富的江景、河景与山景等丰富的景观资源为主，创造内部景观。低层建筑分隔开来，水体蜿蜒其间，六条东西向绿化带把低层各组团分隔，同时又把整个小区与外部绿化带联系在一起。每个组团内部均设置独立的组团中心景观，组团之间均用绿带相隔开，水体蜿蜒穿行其中。同时，高层与低层之间也以绿化带分隔，其间布置景观，充分减少了高层对低层的压迫感。

独门独户"前庭后院中天井"的户型设计

联排别墅独门独户，形成"前庭后院中天井"的生活居住模式。体量上，层层退台，顶层又设计了超大的天台。宽敞的下沉式庭院配上大片的落地玻璃窗设计。利用不同位置的不同环境条件设计了多种户型类别以适应不同的居住模式。此外还设计了凹入的天井，添加了整个房屋的采光以及同自然交流的乐趣。利用带天窗的两层高小中庭消除了大进深带来的压抑感。

江北农场

楼盘档案

开发商　北京天鸿集团重庆置业公司
设计单位　清华大学建筑设计研究院

经济技术指标

用地面积　34.15hm²
建筑面积　49.625万m²
容 积 率　1.09
绿 地 率　35%（地块一）43%（地块二）
总 户 数　812户（地块一）1362户（地块二）
停 车 位　2133个

重庆江北农场项目位于重庆市江北区石马河，嘉陵江的转弯处。用地东侧为石马河立交，渝长高速公路和"半城中央"居住项目，南面为通向沙坪坝的高家花园大桥和大川水岸住宅项目，西面有较长的江岸线，北面有规划包含佰富高尔夫球场在内的4000多亩生态公园。用地被北侧规划城市干道自然分隔为东北和西南两个地块，其中东北地块一建设用地6.32hm²，西南地块二建设用地27.83hm²。

一水二轴，组团相依，峡谷相生的规划设计

通过对现状水体的整合与勾连，形成蜿蜒贯穿于基地内的核心水系；由用地中部依据山势、贯通南北的本区主干路和呈自然弯曲形态的东西向主路；派生于二轴横向干道上的主环路及派生于用地北部城市干道上的"地块一"的环路；由东西两区的主环路上派生的依山就势的组团分枝系统。

"三环四枝"的路网构架

依山势，以小区中部的16m宽道路形成全区主干，与之相交在其中部顺地势延展东西向干道，其一端止于小区东部，另一端经立交环绕，形成本区西北部车行出口。由上述干道之上，在本区西部水畔形成西部环路，东部形成东部环路，加以"地块一"的环路，并称"三环"。东西环路之上延展分枝道路，并称"四枝"。

"两湖一峡"的景观系统

全区形成"两湖一峡"的小区中心绿地系统，向各组团进行绿轴发散，形成整个区域内的绿网体系。小区中心绿地系统通过组团布局的精心收放，通过空间的贯通性达成互相融通的系统，呈"丫"字形延展，并将组团绿地和边缘绿地连接在一起，形成绿地系统的指状穿插。

景观的丰富性是本区价值所在，将住区共分为两个层次、6个区。本区住宅建筑也是围绕这些特色景观而展开布局的，分区规划目标更加鲜明。

交通流量分析图

分期开发分析图

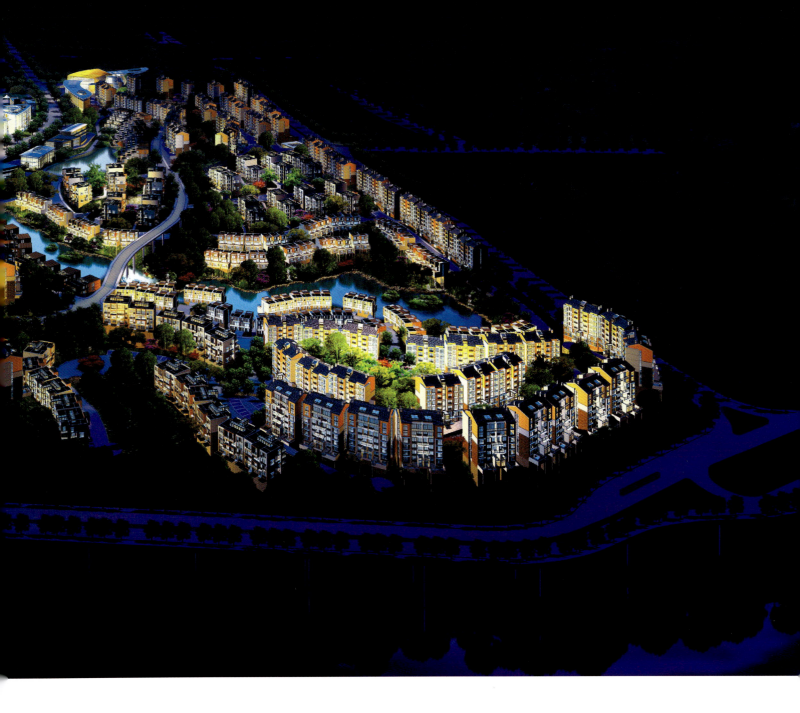

1、承露台
2、嘉陵片断
3、静心三叠
4、月色江声
5、寻龙隐台
6、松风流石
7、稚趣谷
8、树屋坡
9、心远流长
10、涵虚台
11、台地广场
12、竹隅闻浪
13、雾池飞瀑
14、天雾云桥
15、破雾亭
16、芳草白沙洲
17、闻桉觅源
18、穿路栈桥
19、童悦园
20、桉岭冷翠
21、湖色花影
22、云盆观瀑
23、彬林漫滩
24、芳香谷
25、快意心田

高层住宅地下一层平面图

高层住宅地下二层平面图

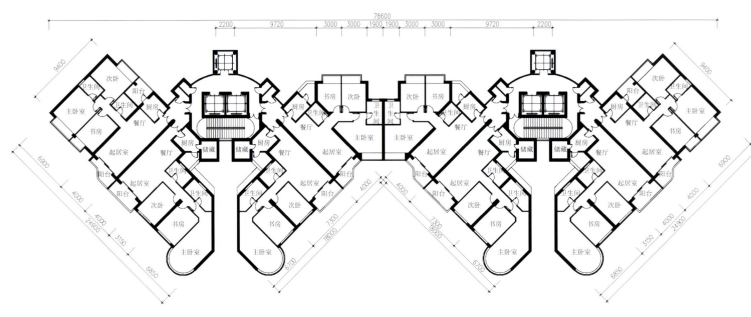

高层住宅组合平面图

多样式、"自然"住宅单体

单体分高层、花园洋房、类别墅、别墅和退台洋房,适合不同阶层人士需求。造型上采用"漂浮的木屋"的构思,通过处理后适当着色的松木或桐木板外挂,或者以热印刷木纹铝塑板外挂。材料选择核心原则就是"自然"。突出体现山地建筑的特征,建筑风格前卫现代。

冰晶新天地

楼盘档案

开 发 商　湖北冰晶实业投资（集团）有限公司

设计单位　中国建筑设计集团有限公司湖北建筑设计分院

经济技术指标

用地面积　16.542hm²
建筑面积　51.587万m²
容 积 率　3.12
绿 地 率　45%
总 户 数　3822户
停 车 位　1452个

项目概况

项目位于黄陂区盘龙城经济开发区川龙大道与楚天大道交会处，盘龙城经济开发区核心地段，地处武汉市北郊、黄陂区西南部，外环线与中环线之间，与武汉市区隔河相望，距新华下路仅10分钟车程。南距汉口火车站6km、武汉港15km，东距阳逻深水港20km，西距天河国际机场3km；构成了"水、陆、空"立体交通网络。

中环线+"生命绿轴"规划

通过一条流畅的中环线和与围绕中环线形成若干放射形的"生命绿轴"，将小区自然分成五个完整的组团。南面设计主要步行出入口，以及一段商业内街；东侧安排主要车行出入口；北面紧邻"二十八街"商业街，设计了10m的中央步行区，两侧为单向车行道，较好地处理了人车分流，同时将"生命绿轴"贯穿整个小区，使五个组团每个出入口都能呈现出风格各异的入口空间。中央生态区设计4栋28层的高级"空中别墅"，形成整个小区空间高潮。

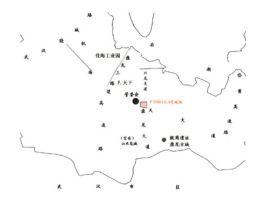

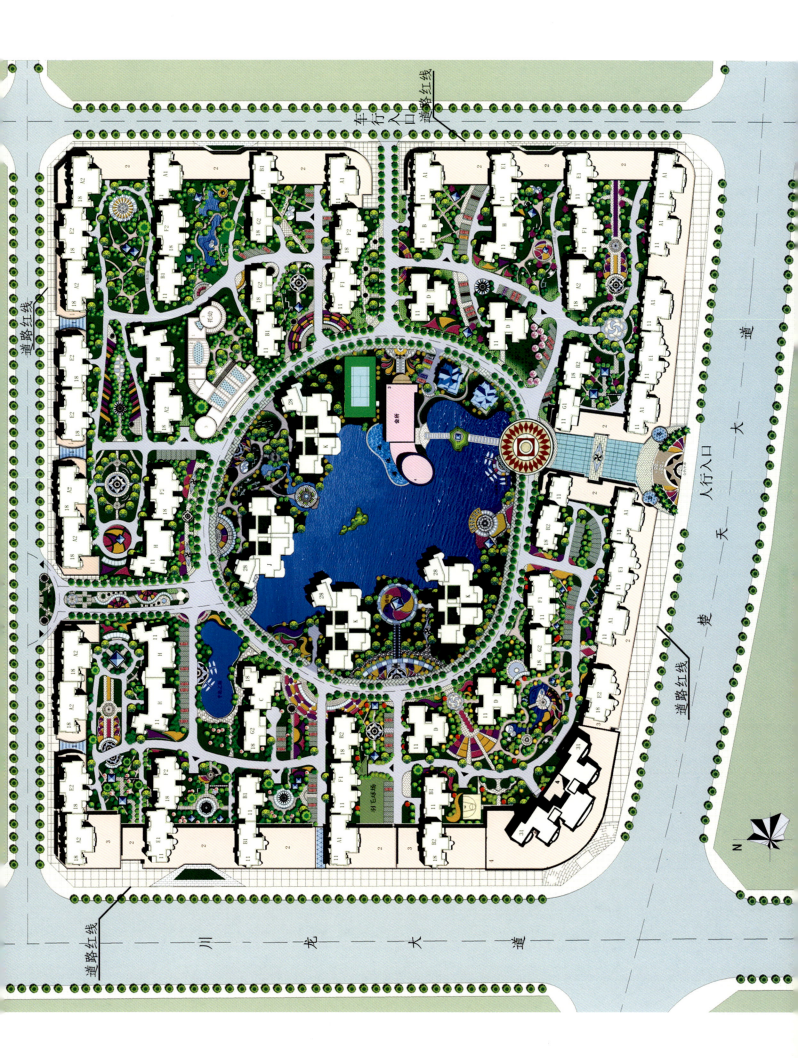

完整安全的步行空间＋畅快的车行交通组织

本案根据人行交通流量分析,在中心环路的靠近中央绿核一侧设计4m的步行道,每个组团的出入口处设有地上、地下停车场,最大限度保持院落、庭院等步行空间的完整性和安全性,减少车辆的干扰和污染。

"大绿化小庭园,多层次"前庭后院景观

本方案采用"大绿化小庭园,多层次"前庭后院的中国传统园林绿化手法,在正对主入口小区中心,设计了1万多平方米的大型水景中心绿化区,构成室内外结合富有层次变化不同的绿化景观空间,并通过大型水景中心绿化区主要绿轴,将各组团之间生命绿轴有机地联系在一起,形成各组团之间的"小庭园",其中布置有机有序具有识别性的环境景观,各具特点。

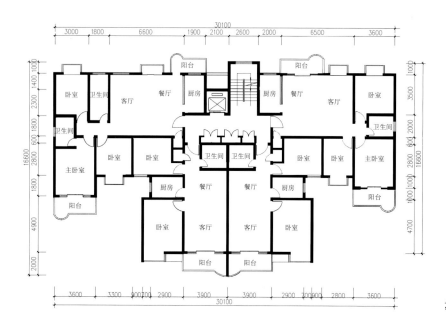

A1型标准层平面图

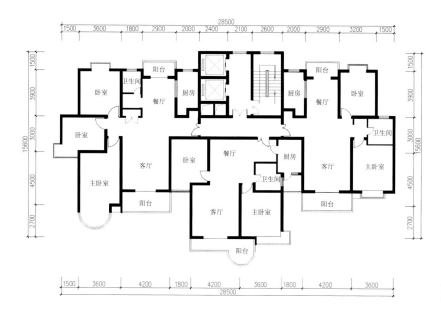

B2型标准层平面图

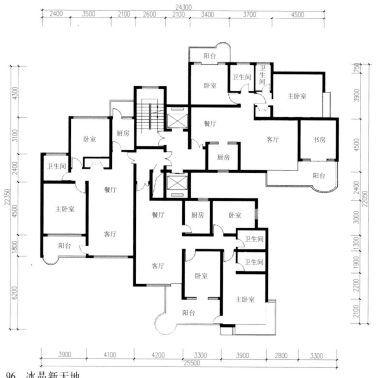

C型标准层平面图

不同结构形式的不同保温节能

中高层采用加气混凝土块墙体加保温砂浆，墙体与外墙框架柱梁热桥部分用外粘贴聚苯乙烯挤塑板隔断热传导的影响；高层建筑墙采用钢材网聚苯乙烯挤塑板外保温系统。屋面采用彩色水泥瓦，挤塑聚苯乙烯泡沫板及CPU（非焦油）聚氨酯防水涂料；门窗严格控制窗墙比，选用传热系数为3.2～3.5的单框中空玻璃优质塑钢门窗或注塑阻断型单框双玻铝合金门窗。

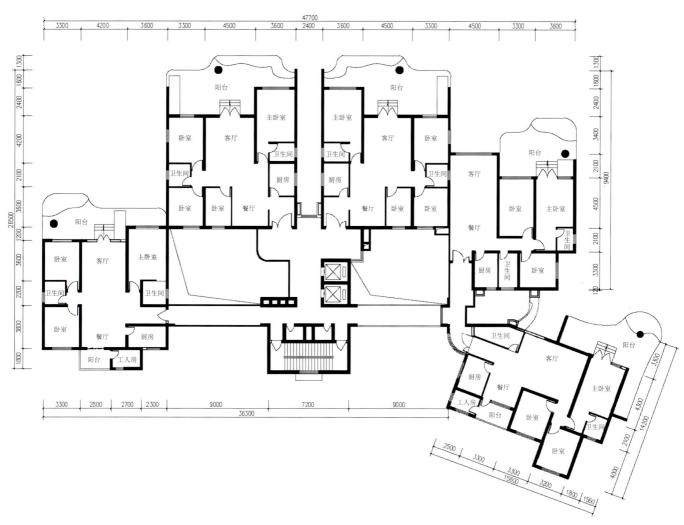

k型标准平面图

冰晶新天地

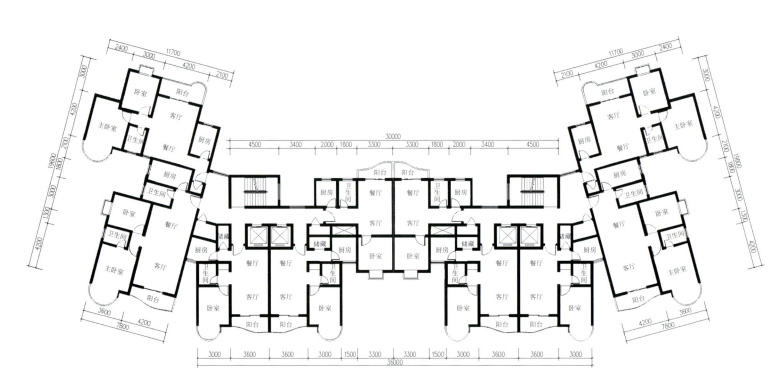

H型标准层平面图

98　冰晶新天地

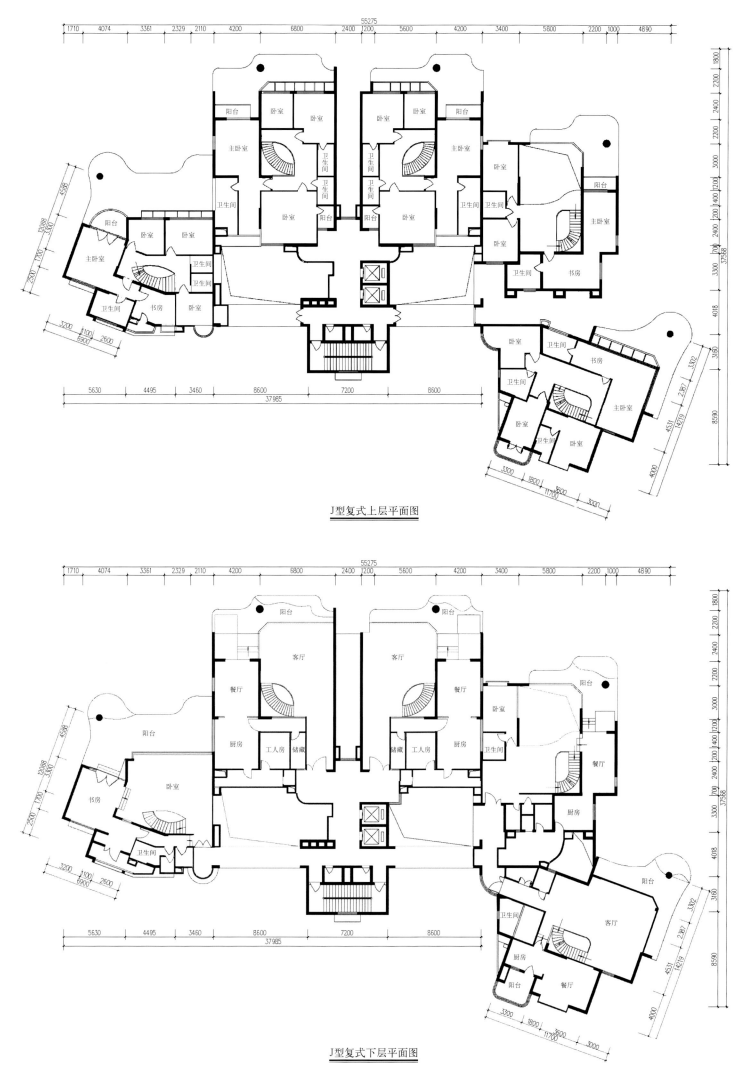

保定	中铁鑫和花园	102
嘉兴	东菱·梅湾花园	108
浙江	翡翠名都	114
长沙	梓园(二期)	120
宁波	皇冠花园	126
杭州	嘉泰·馨庭	134
杭州	金基·晓庐	142
宁波	绿城·桂花园	146
南昌	名门世家	152
上海	浦江智汇园	156
深圳	中海盐田住宅	164
重庆	鲁能园(一期)	174
六安	六安香格里拉	182

HIGHRISE BUILDING & MULTI-STOREY BUILDING

高层及多层住区

中铁鑫和花园

楼盘档案

开 发 商　保定市中铁实业有限公司
设计单位　上海翌德建筑规划设计有限公司
合作单位　法国翌德国际设计机构

经济技术指标

用地面积　21.5hm²
建筑面积　43.1万m²
容 积 率　2.15
绿 地 率　35.3%
总 户 数　2877户
停 车 位　1754个

项目概况

项目位于保定市城北偏东，高新区东南侧，东邻任庄路，南至复兴路，西抵李庄路，北靠隆兴路，总用地面积21.5hm²，交通条件优越。用地范围内除有少量沟渠外，地形平坦，建设条件良好。基地内尚存液化气公司，规划予以拆迁。

"一轴，一环，八组团"

项目设计规划一条垂直于复兴路的南北向主轴线，在这条轴线上布置小区的公共绿地与主要景观节点，提供公共交流的开放空间。在用地范围内规划小区主环路，最大程度地将小区的交通有效地组织。在一轴一环确定的规划结构上，共形成八个规模适度，形态各异，组织有序的居住组团。

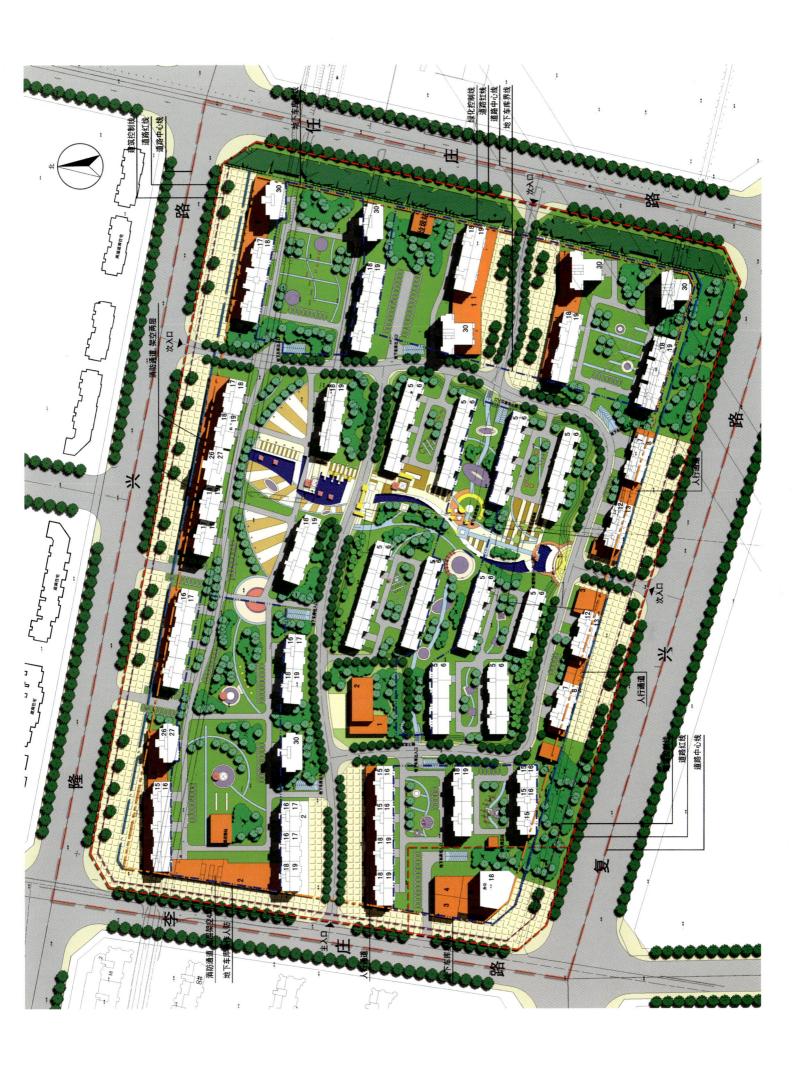

中铁鑫和花园 103

易达、通畅，避免交叉的道路系统

小区主干道形成环路，保证车辆通行舒适度，同时通过丁字路口的设计，避免外来车辆的穿行。二级路网的布局形式简单明了，相对保证住区居民在组团内部步行的安全性。高层区域采用全地下车库，多层区域采用半地下停车，使小区场地出现高差变化，空间更加富有情趣。

生态、丰富、综合的空间景观

规划中形成一条景观主轴线，两条视线通廊，两个中央景观区，四个入口景观节点，与数个组团空间。两个中央景区形成主轴线上的两处高潮节点，供休闲交流，另外，规划将主轴线两侧的多层区域基地抬起半层，有空间变化，也给后续的景观设计带来很多有利的条件。四个景观节点，强化小区的标识性，以提升小区品质。

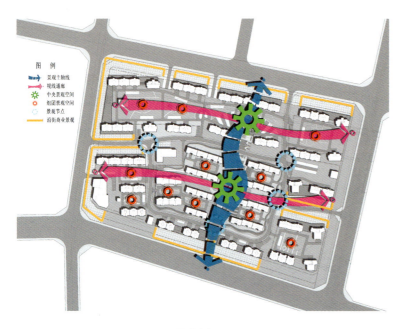

景观分析图

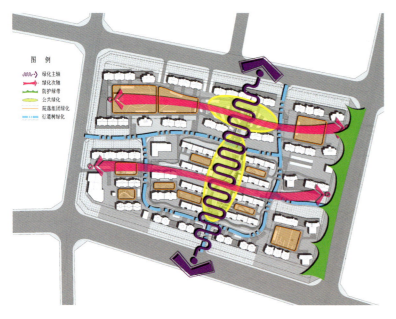

绿化分析图

交通分析图

104 中铁鑫和花园

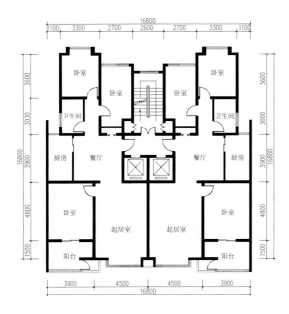

A户型标准平面图

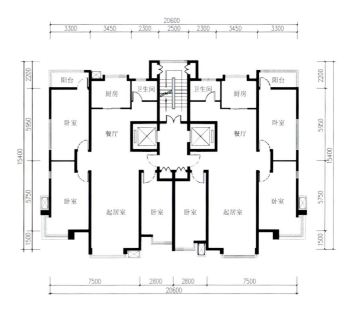

B户型标准平面图

中铁鑫和花园 105

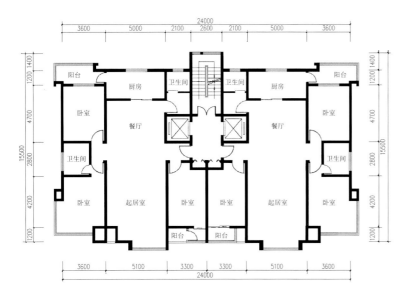

C户型标准平面图

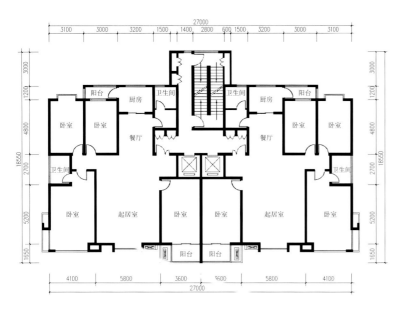

D户型标准平面图

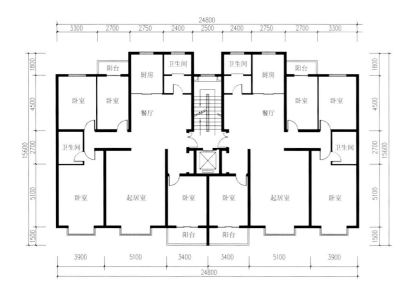

F户型标准平面图

丰富多变，人性化单体设计

建筑设计以板式为基调，点式为点缀，通过住宅的长短变换，前后搭接，高低错层，塑造丰富多变的社区建筑群体景观。平面布局力求动静分区，内外有别，减少不必要的干扰。景观资源不同的地方采用不同的户型，侧向有景时，采用横厅的设计，北向有景时，采用北厅的设计。

东菱·梅湾花园

楼盘档案

开 发 商　嘉兴市东菱房地产开发有限公司
设计单位　巴马丹拿建筑设计有限公司
景观单位　贝尔高林国际（香港）有限公司

经济技术指标

用地面积　6.101hm^2
建筑面积　13.6万m^2
容积率　　1.5
绿地率　　60%
总户数　　458户
停车位　　700个

项目概况

项目位于嘉兴西南湖畔，西接城南路，交通便捷，东临西南湖，北靠京杭大运河，南对放鹤洲公园，与梅湾街、城南公园、市行政中心、永久生态绿地隔湖相望，位置优越。项目地处嘉兴市老环城路边，在城市发展新规划中属旧城市中心地带，可沿环城路方便到达市内各商业中心区。

顺依环境，自然流畅的规划

项目设计整体面向东南，沿西南湖边公园起呈阶梯型逐步抬高，多层叠加式别墅和中高层住宅均在底层架空5.2m。各组建筑之间的间距远远大于相关的间距要求，各栋建筑错开布置，使得住户享有更深远的视线。主入口设在城南路，南面中部的放鹤洲路上设置另一个次出入口，通过中心景观主轴，经过大大小小的中心花园及主景点达至会所。

人车分流的道路系统

小区的两个出入口分别布置于西南城南路以及南面的放鹤洲路上。机动车一旦进入小区，即通过坡道转入地下室，地下形成4万m^{2}的大型满堂车库。人流交通主要由基地西面的主入口和南面的次入口，通过小区内步行通道出入各栋的底层大堂。

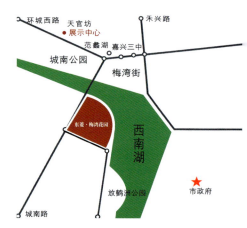

多层次，匠心独运的空间景观

小区少有的高绿化率，植物种类繁多，组团绿化，垂直绿化，屋顶绿化，架空层绿化，退湖30m绿化带让房子看起来像是长在花园里。西面主入口形成中央花园，绿化延伸入架空层，相互衬托又协调统一。主要景观区域，有中央主题公园，占地近13亩的沿湖30m景观绿化带。东北面的沿湖木道，天然别致的观景平台与在建的小小放鹤洲相映成趣。

空中花园＋观光电梯 尽享奢华

所有多层叠加式别墅及中高层底层设5.2m超高架空层，引入空中花园，观光电梯，宅在湖边，湖在宅旁。高层住宅拥有私家电梯系统，同时择层设置空中花园，此外还增加有南北法式阳台和景观大阳台。

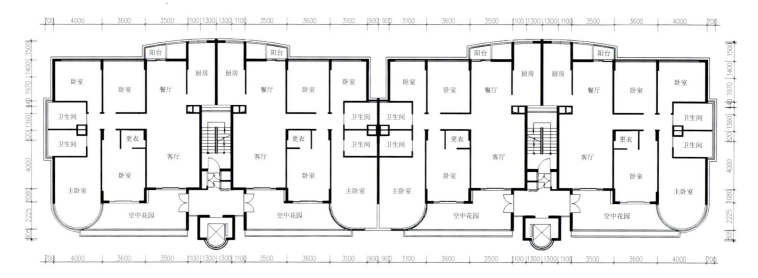

中高层标准层平面图

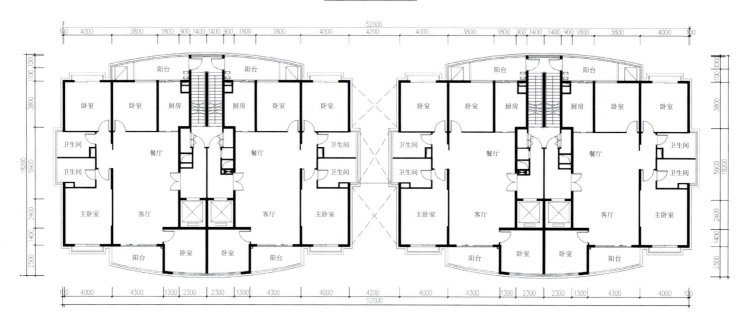

高层标准层平面图

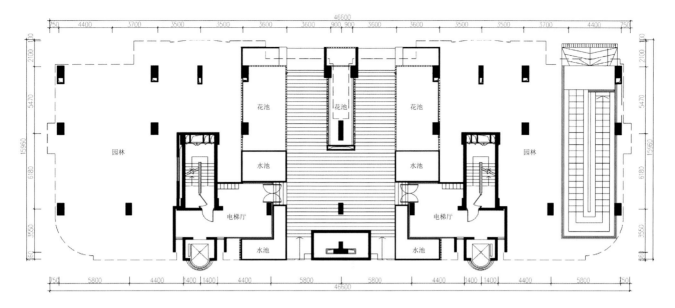

<u>多层叠加式架空层平面图</u>

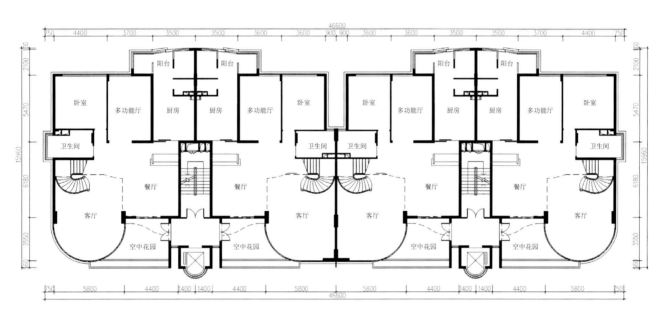

<u>多层叠加式一层平面图</u>

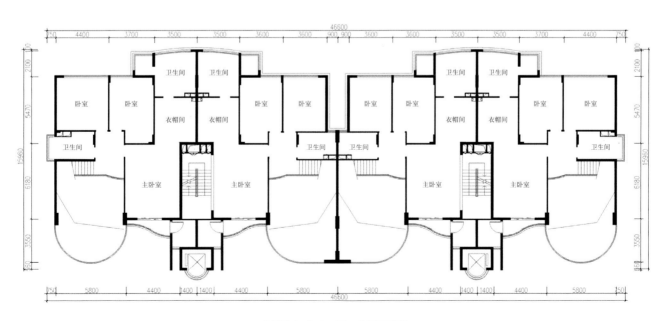

<u>多层叠加式二、四、六层平面图</u>

翡翠名都

楼盘档案

开 发 商　浙江湖州信利房地产开发有限公司
设计单位　博创国际（加拿大）·上海博创建筑设计事务所
　　　　　ETOW国际工程设计公司（美国）杭州机构

经济技术指标

用地面积　10.786hm^2
建筑面积　20.542万m^2
容 积 率　1.8
绿 地 率　36.2%
总 户 数　1240户
停 车 位　772个

项目概况

项目位于浙江长兴县经济开发区，东临经二路，北靠白溪大道，南侧为支十路，西侧为住宅区和规划中的大型商业街——"浙北第一商街"，与新行政中心、大剧院相距约1km。总建筑面积为20万m^2。

点、线、面呼应的唯美规划

小区内建筑均以组团为基本单位进行布置，由点式、线性及规模适宜的围合式组团组成；组团中心设置中心绿地，组团间设置公共绿带，以提升均好性；同时强调各个组团之间的呼应关系，形成一个以公共绿地为纽带的整体。

将商业及公建设置在基地周边，充分利用沿街面的商业效益，隔绝马路噪声；基地北面布置中高层，其余为多层公寓，整体形成南低北高中间绿的格局。中央景观轴与水系相伴，强化了组团的明晰性，同时隐含着组团岛的概念。

开阔、立体、磅礴的交通

每个地块设有一个主要出入口，有开阔的空间及景观。主干路在区内形成环路，将区内各组团串联，其他道路以次干路方式解决，分级明确。

利用架空、半架空及地下多种停车方式，尽量减少地面停车，绿化的立体空间变化也营造出一种安静舒缓的高尚气氛。

安静舒缓的"四亲空间"

一条清澈的溪水自南而北蜿蜒穿越整个社区，沿途自然形成了亲水空间、亲绿空间、亲邻空间和亲子空间。各景观之间或水面相连，或由假山分隔又彼此穿插。在坡道的引导下，无论儿童还是老人，都可以方便地来到各个绿化带。

交通分析图

分区分析图

翡翠名都 117

高效、紧凑、通透的居住空间

大面宽小进深，南北通透；独立式客厅，使用效率高；凸窗的使用扩展了室内空间的视觉效果；跃层面积紧凑。

新技术新材料尽显卓越

采用隔热铝型材，纳米材料，冷轧扭钢，天然真石漆，有机硅树脂结构自净涂料，高强度、高韧性材料合金植草格栅。

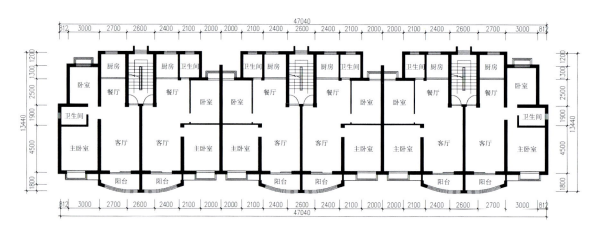

C户型标准层平面图

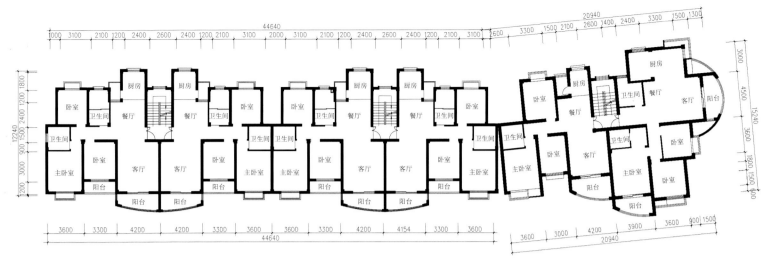

A户型标准层平面图

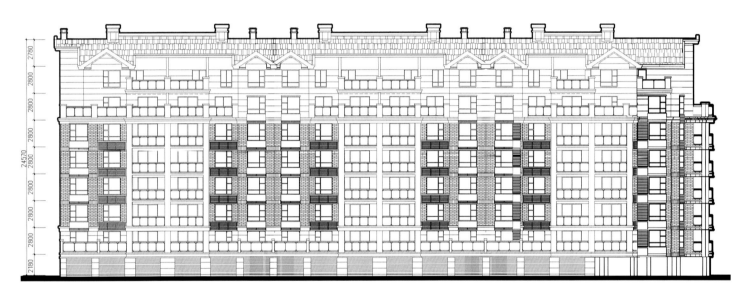

A户型南立面图

A户型北立面图

梓园（二期）

楼盘档案

开 发 商　湖南天方物业发展有限公司
设计单位　清华大学建筑设计研究院

经济技术指标

用地面积　3.508hm²
建筑面积　16.406万m²
容 积 率　4.67
绿 地 率　36%
总 户 数　1070户
停 车 位　535个

场地现状

梓园二期居住小区建设用地位于梓园路以东，韶山路以西。分为南北两地块，南地块用地面积26134m²，北地块用地面积8952m²，总用地面积为35086m²。场地地势西低东高，用地红线变化复杂。建设区域内新老建筑交织错落，属于村落式自由布局，居住区与办公区混合在一起，场地整体地势低于周边道路。

一街两园、曲直结合、情景结合

一条中心休闲景观商业街，结合保留建筑在地块上形成南北两个景观优美的园林绿化组团；采用曲线形的商业街面形势，增强商业街趣味感，同时充分考虑行人在步行中的行为模式，同时将南北两组团绿化与景观街绿化融合重叠，更深层次地优化了南北两组团的人居环境。

功能区域主要由基地东部的"公建区"，贯穿基地的"休闲精品步行商业街区"及位于基地南北的3个"高档住宅组团"构成。规划结构上采用以步行街为核心，以公建、住宅组团为卫星的聚合形态的布局模式。

关注平面和使用的灵活性

完善内部隔墙系统，使之可以随使用者的要求进行平面功能合理改造。单体户型除做到公私分区，洁污分离，明厨明卫，统分顺畅外，还考虑与室外的对应关系，进一步强调与室外环境的沟通，生活阳台则尽可能的隐蔽和弱化处理。

造型丰富生动、追求线条感和力度的结合

突出自身特点的同时注重协调，追求线条感和力度。整体上以大体块几何体穿插，突出建筑的雕塑感。建筑整体以黄、灰、白调为主，色彩丰富了建筑立面层次，随着视线的移动，墙面会产生丰富而生动的效果。

规划中将南北两个保留居住建筑和新规划的居住建筑有机地结合起来，采用点式高层与板式高层相结合的布局方式，实现各组团的均好性。

新老社区结合，人车分流

北地块小而方正，同时底层为集中式商场，故在该区域设置环绕建筑的车行道路，路宽4m，满足使用及消防的要求。南地块分别在韶山路和梓园路设置地下车库出入口，做到人车分流。居住人流有单独的小区出入口，同时在商业街与居住组团交接部分设置岗亭管理，使商业街人流不穿行小区，而小区人流可利用步行街做到互通的目的。

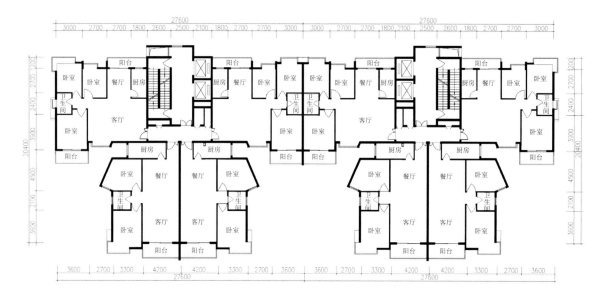

户型组合平面图一

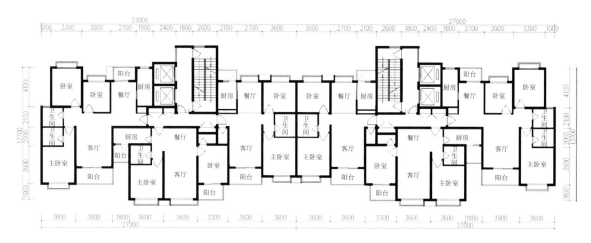

户型组合平面图二

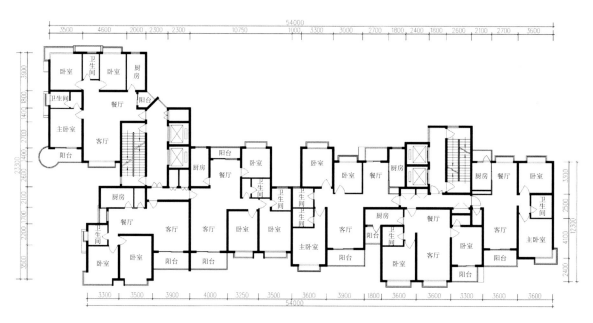

户型组合平面图三

皇冠花园

楼盘档案

开 发 商　浙江太平洋实业有限公司
设计单位　浙江绿城东方建筑设计有限公司
　　　　　新加坡雅克筑景设计有限公司

经济技术指标

用地面积　5.514hm²
建筑面积　19.11万m²
容 积 率　2.37
绿 地 率　42%
总 户 数　909户
停 车 位　964个

项目概况

项目位于宁波市江南路以南，院士路以东，置身于东部新城和花园式科技园交接处，紧邻一河之隔的科技园区行政中心，占地300余亩，总建筑面积70万m²。项目由一个白金五星级酒店、高档住宅群和CBD中心三部分组成，总投资20亿元。

项目定位

城邦式大型复合社区，白金五星品质、生态人居天堂。

贯穿基地的河景、优美的沿河轮廓线

地块南侧为60m宽的排水干河，多幢点式高层与河边的沿河绿化带相连接，力求景观上与水景汇为一体，使小区有更好的亲水性。小区中心绿地通过住宅建条形绿化呈指状伸向南面河景，使内部住宅能充分欣赏河道两岸的美景。沿河住宅采用大型玻璃落地窗结合超大阳台，视野良好，可俯瞰辽阔、壮美的自然空间。

营造完整步行环境、道路水景交织

本案最大限度地组织人车分流的交通体系，以内部围绕中心绿地的环形主干道为基本骨架，机动车库均与主要道路有通畅的关系，并提供足够数量使用的停车场地，以此营造连续完整的社区步行环境。

"水中的建筑"先入庭院再入家门

在酒店区中轴线上，充分利用建筑规划特点，设计一组皇家式主题公园，并提供了完善的运动设施；在每个高层单元入口处均设置了组团庭院，每个庭院相对独立又高度统一；在优化重组的基础上在甬新河的西北岸和区内的滨水公共场所布置了多种景点，既独立成势，又和谐统一；此外还营造了一条既满足通行又体现品格的步行商业街。

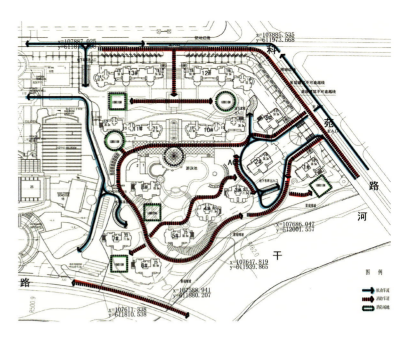

交通流线分析图

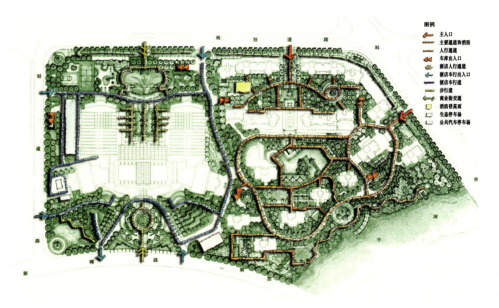

交通流量分析图

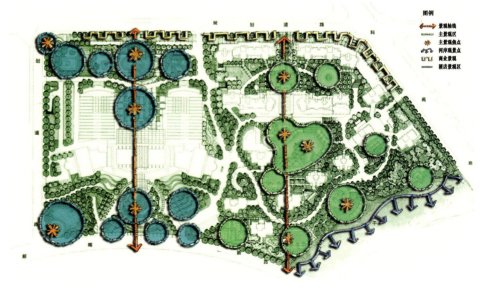

景观分析图

皇冠花园 129

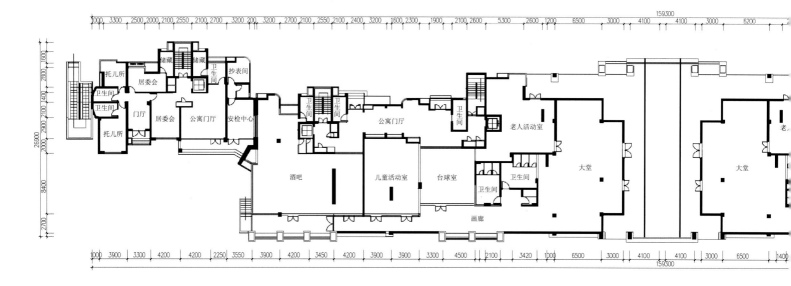

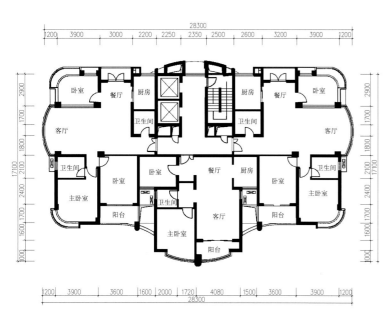

1、2、9号楼三至十六层平面图

3、4号楼三至二十一层平面图

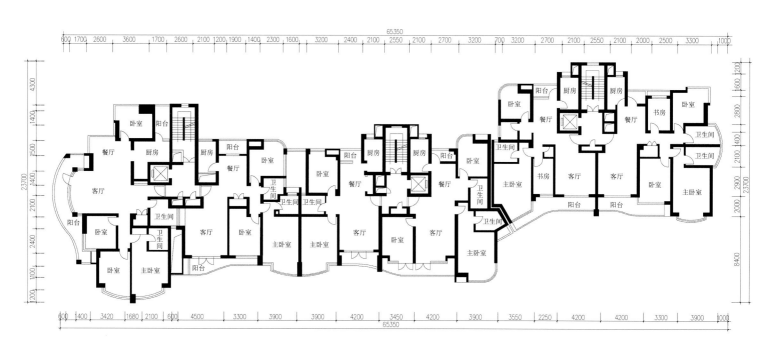

10号楼四至十层平面图

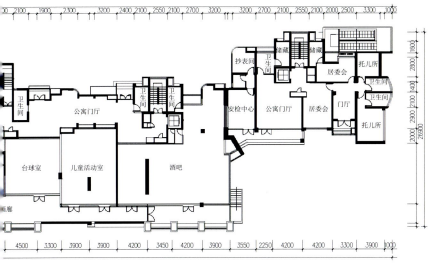

10、11号楼一层平面图

皇冠花园

借鉴古典主义，大气天成

立面上，借鉴古典主义比例关系处理方法，划分出基座、中部和顶部，以不同的建筑材质与色调进行搭配，外形构成上，采用了大开间阳台、落地大玻璃和弧形飘窗，呈现出清新流畅现代建筑风格。

新材料新技术彰显华贵

外墙采用膨胀聚苯板薄抹灰保温系统；屋面采用挤塑泡沫保温隔热板；住宅外窗采用碳氟面铝合金双玻中空窗；还采用低耗环氧树脂浇注干式变压器，集中低压侧静电电容补偿使平均功率因数达0.9以上。

嘉泰·馨庭

楼盘档案

开发商　　浙江嘉泰置业有限公司
设计单位　　龙安—泛华建筑工程顾问有限公司
景观设计　　美国奥斯汀（深圳）设计有限公司

经济技术指标

用地面积　　4.098hm²
建筑面积　　10.005万m²
容积率　　　2.01
绿地率　　　42%
总户数　　　736户
停车位　　　492个

项目概况

项目位于杭州城北拱墅区核心居住区块，项目占地约60亩，东邻京杭大运河，北望LOFT文化公园，与运河文化广场隔河相望。项目由9幢板式高层住宅、中高层住宅、LOFT公寓组成，风格现代、简约、清雅。

收放自如的"双鱼"空间结构

总体规划充分考虑建筑与环境的融合关系，结合本地风土人情，以建筑围合出两个有灵性的鱼型空间，建筑体块的硬朗线条又与曲线型规划恰好形成趣味的空间对比。充分利用现有地形，采用曲线与中轴线相结合的方式引导整个园区的规划。

因地制宜、人车分流

本案车辆采用短进入方式，从各相应入口进入小区后很快便沿各地下车库出入口驶入。地面临时停车也相应设置于入口道路两侧，最大限度地实现人车分流，避免了车辆进入园区对步行安全、居住环境的影响。区内设有一环形消防车道，同时满足消防、应急与必要时车辆的通达。人行道路也合乎人步行的通顺便捷。

简洁设计隽永美的建筑

建筑群高低错落，创造了生动活泼的天际线。折线型构架采用公建化处理，与景观处理形成对比，细部设计沉稳雅致，立面设计凹凸有致，既简洁又富有线条的美，使整体产生强烈而富有节奏感的光影变化。

交通组织分析图

景观绿化分析图

嘉泰馨庭 137

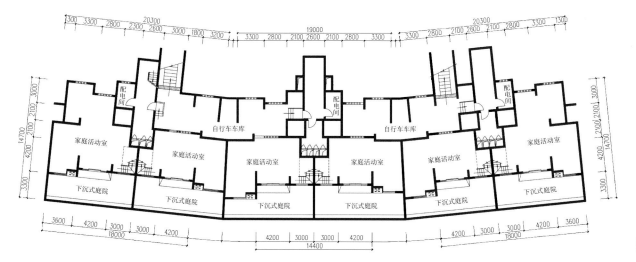

2号楼地下层平面图

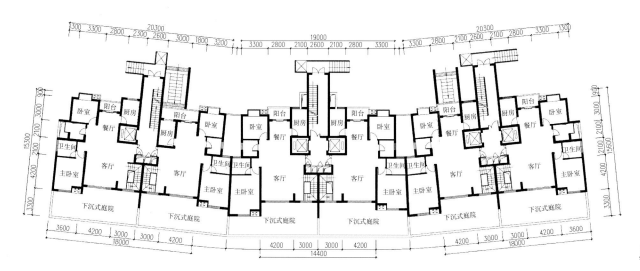

2号楼底层平面图

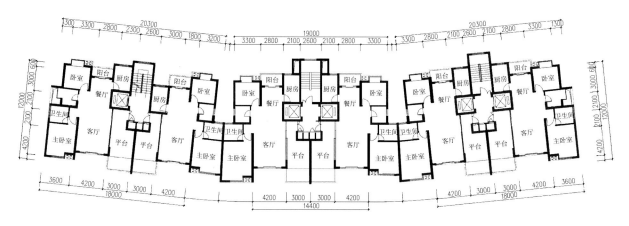

2号楼标准层（奇数层）平面图

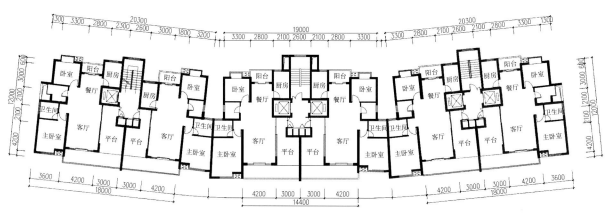

2号楼标准层（偶数层）平面图

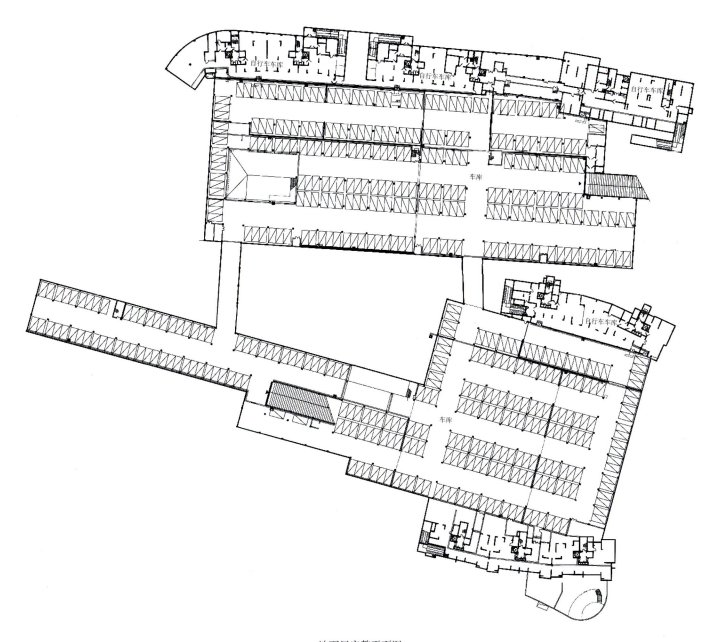

地下层完整平面图

嘉泰馨庭 139

"一户一花园,一窗一风景"

下沉式庭院、底部架空层、别具匠心的入户花园、5.8m的超高阳台、高大宽敞的半开放空间和采取退台处理的顶层花园,使住宅功能得到延伸,附加值得到提高。

立体、通透、参与、交流的景观特征

小区内设有南北两大景观庭院,建筑底部架空,使两个景观庭院能相互连通渗透。南庭以水景为中心,设计为人群比较集中的公共活动场所,北院与此相对,向心性与公众性都较强。东部为大型缓坡绿地,与南院谷地成对角线呼应。两大庭院,四处区域,呈X形互补,相互穿插、呼应,形成特有的均衡布局。

生态节能、注重环保

外墙采用2.5cm聚苯颗粒保温砂浆;窗户采用气密性2级的双层中空玻璃。

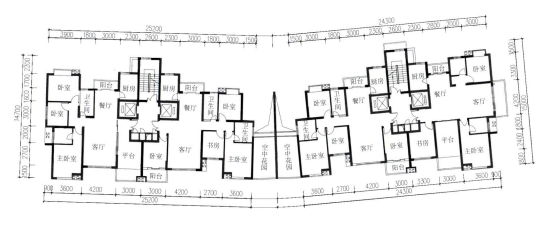

5号楼标准层(奇数层)平面图

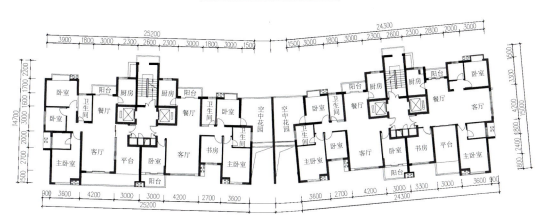

5号楼标准层(偶数层)平面图

嘉泰馨庭

金基·晓庐

楼盘档案

开 发 商　浙江金基置业有限公司
设计单位　深圳华森建筑与工程设计顾问有限公司
规划顾问　美国Genseler建筑师设计事务所

经济技术指标

用地面积　7.823hm²
建筑面积　30.782万m²
容 积 率　3.0
绿 地 率　36%
总 户 数　1733户
停 车 位　1554个

项目概况

项目是钱江新城规划版图上少有的高尚纯住宅之一，紧邻钱江新城核心区块，江干区文体中心和中国棋院对面，南临富春江路，西靠钱潮路，北接钱江路。项目周边配套齐全而高尚，区位优势明显，是杭州CBD核心区少有的国际化高品质规模住宅区。

稳重，均衡而开放的总体布局

方案依地况沿南北中轴将社区巧妙分成南北两区，达到庭院贯通的同时，创造了各栋的均好性。小区的环境是与规划结构完美结合的，住宅楼体的排布似片片花瓣。此外，设计中创造了一个安静的中心下沉庭院，下沉庭院又以半层平接的方式与地下车库相连。

流畅，合理的交通组织

小区设两个主要人行出入口，分别位于富春江路和钱潮路上，都处于基地较中间位置。小区主要车行出入口设三个，地下车库设4个双车道出入口。小区周边设环形车道，内部设人行步道。全区的九栋主楼下设有环形消防车道，并沿长边的一侧设置消防扑救面。

融入欧亚风格的自然景观

设计中不仅考虑到景观的观赏性还考虑到人们的参与性。人行主入口的水景墙营造自然水景，让整个景观更丰富。茂密的植物将以不同形态点缀整个社区，有规则的也有随性自然的。

清新，雅致和高技的建筑造型

建筑外墙采用深灰色通体砖与白色相交叉，木色彩铝窗框，透明双层中空玻璃，局部以磨砂金属条做分隔装饰，百叶组群在竖直方向展开，构成挺拔的竖向线条，是极为大气的做法。

优秀，灵活的户型设计

九幢百米高层住宅户型实用率普遍达到80%以上，面积适中，主力户型以三房两厅两卫为主，提供多类型户型种类——townhouse，公寓，顶跃层。

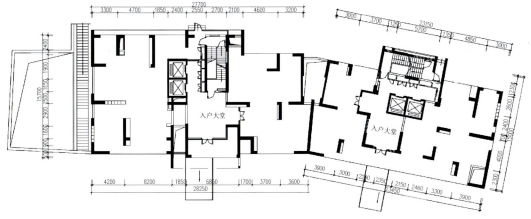

底层平面图

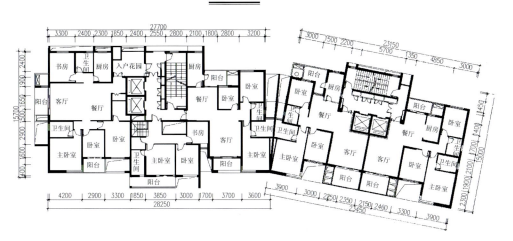

标准层平面图

绿城·桂花园

楼盘档案

开 发 商　绿城房地产集团有限公司
设计单位　浙江绿城建筑设计有限公司
景观设计　贝尔高林国际（香港）有限公司

经济技术指标

用地面积　11.777hm²
建筑面积　22.726万m²
容 积 率　1.50
绿 地 率　44.8%
总 户 数　868户
停 车 位　935个

项目概况

项目位于宁波市镇海新城329国道东侧，北临建筑中的镇海新城主干道，东依西大河。园区占地面积11万余平方米，是低楼层、低密度、低容积率、高绿化率的大型现代生活园区。

"大社区——小住区"多层次、组团化布局

项目设计安排一条贯穿南北的主轴线，并在轴线两端设置园区的南北两个入口。沿轴线安排具有视觉引导的主体建筑及园景小品，并适当收敛空间，使步入院内的住户具有明确的方向感及亲切感。利用坡地的起伏形成中心广场的自然落差，围合组团均要高于道路若干，并通过步行道路两边的景观层次的变化形成三个层次的立体空间。

便捷、顺畅、全面人车分流体系

主道路为大外环，中间安排结合环境的次道及便道；住宅设置了地下车库，以方便住户就近停放机动车，地面仅安排少量临时车位。宅间地下室适当抬高，以缩短汽车坡道长度。

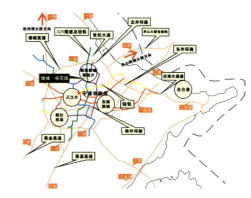

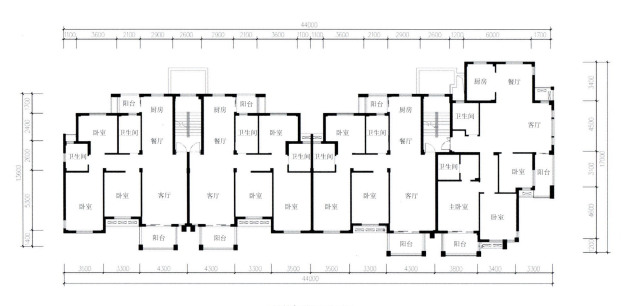

1号楼标准层平面图

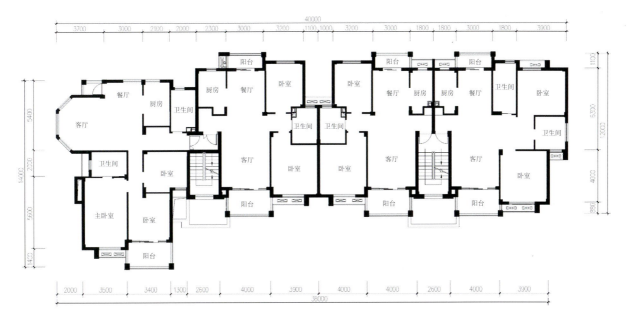

5号楼标准层平面图

回归建筑本意、有时间感的建筑

采用经典欧陆风格的"三段式"立面，局部吸收徽派建筑特点，给人以沉稳、庄重的美感。通过点式楼与板式楼的组合，使得每个面、每个角度，几栋房子、几组建筑以及几组景观组团空间，都有不一样的视觉效果。

中西融合造园手法

景观重点落于中央公园，以此为中心区域，形成社区公园，并对外延伸。在大型社区中央公园的基础上，努力营造各组团内不同风格的绿地景观。大面积的绿地由小道通向各个组团，交汇处设置部分功能设施，而泳池的无边界处理则平添许多生趣。

舒适、多样、休闲、创新的户型

多种户型可满足不同层次需求，增大每户朝南面，多阳台及卧室八角观景窗设计，增强采光及观景效果。重视辅助空间运用，通风采光极佳。

名门世家

楼盘档案
开 发 商　江西名门世家置业有限公司
设计单位　上海中房建筑设计有限公司
园林设计　苏州园林设计院有限公司

经济技术指标
用地面积　　13.985hm^2
建筑面积　　16.864万m^2
容 积 率　　1.50
绿 地 率　　40.5%
总 户 数　　1066户
停 车 位　　432个

项目概况
项目位于南昌市新兴的核心区红谷滩，地块较方正，四周城市道路交通便捷，东连丰和一路，西接丰和二路，北临红谷五路，南侧是红谷六路。根据南昌市城市建设现状与发展成为又一个城市中心，区位优越。

南低北高、因地制宜
布局采取南低北高的手法，南侧为多层组团，北侧为中高层组团，规划形成高低错落的建筑空间，中心集中绿地布置点式高层，整体形成南低北高中间绿的格局。

安全便捷的交通系统
通过对基地现状的分析，小区内有一条7m宽的主干道，并分别与东西二侧丰和一路与丰和二路相连。小区的中心绿地不受交通道路的干扰，其间可布置人行通道，人车分流，设集中地下车库。自行车可停放在每幢住宅的地下层。

七大组团环绕"绿肺"众星捧月
七大组团有其自身的集中绿地，以体现小区环境的均好性，而组团之间围合一个大型的中心集中绿地，作为小区的"绿肺"，调节小区的微环境。小区每一户都能"推窗见绿"，"有景可赏"，特别是小区集中绿地营造人工流水，满足人们亲水的欲望。南侧主入口进入小区以后，经过一条商业街而后步入第一个入口节点，是一个宽80m，长160m的大型集中绿地。

节能设计、生态环保

采用保温性能优异的蒸压砂加气砌块作围护结构，外窗采用中空玻璃，屋面采用挤塑聚苯体保温，是南昌首家采用墙体自保温建筑节能体系的项目。

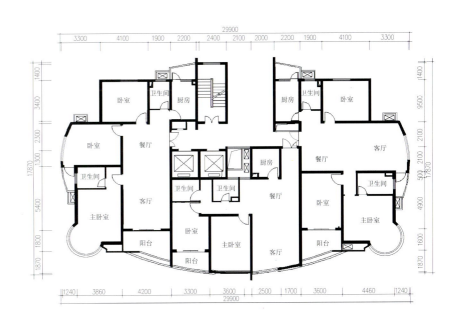

36号楼高层平面图

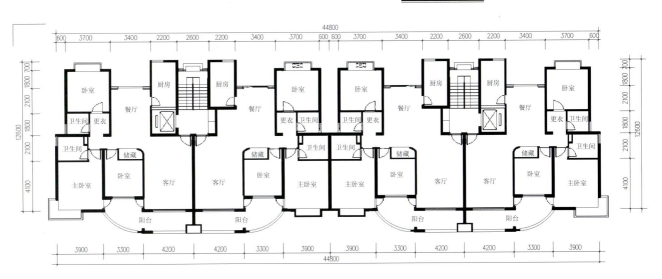

33号楼四至十一层平面图

浦江智汇园

楼盘档案

开 发 商　上海鹏欣房地产开发有限公司
设计单位　上海翌德建筑规划设计有限公司
合作单位　法国翌德国际设计机构

经济技术指标

用地面积　8.0hm²
建筑面积　13.235万m²
容 积 率　1.65
绿 地 率　35.2%
停 车 位　801个

浦江智汇园项目位于闵行区浦江镇工业园区，北至联航路，东靠三鲁公路，用地8hm²。基地现存少量住宅，地势平坦，建筑条件良好。

巧妙布局、多级公共空间的创造

项目根据基地现状及物业类型特点，规划形成四个片区：毗邻联航路一侧规划了3幢18层公寓式办公建筑，临近三鲁路一侧也为18层公寓式办公建筑，在其面向三鲁路的外侧嵌入部分商业，丰富了沿街立面空间；在区内环路内错落布置了11层加跃层的建筑形式，联航路与三鲁路的转角处规划经济性酒店，为本区提供接待服务的同时形成本区的标志性建筑。

两级路网布局保证通畅和易达

规划将车行系统分为两级：一级环路与二级组团路。通过两级路网的布局形式，把车行交通由大流量逐渐疏解为小流量的车行交通。静态交通采用地下与地上相结合，以地下为主，地面为辅的方式。主入口附近设两个地下车库出入口，将进入办公区的车辆直接引导进入地下，保证办公区的安静与安全。

"房在绿中，人在景中"的景观层次

规划环路内数幢中高层围合形成大型中心景观庭院，形成本办公区的公共性中心绿地。以公共绿化为中心，组团绿化成面状分布于各楼间。组团内形成一种半私有空间，让每一个独立的办公单元都有一种领域感。

道路分析图

绿化分析图

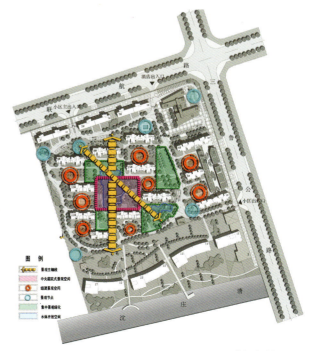

景观分析图

浦江智汇园 159

简约的现代主义风格

套型单元努力做到动静分区，交通流线清晰不分叉。保证每套办公室都能朝南，注重空间的合理利用。各种单元均以简约的现代主义风格为主，辅以立面的建筑材料的对比。色彩上，使用不同色块的搭配，形成丰富的色彩对比。酒店设计以简单体块、虚实对比及独创的不规则条形窗组成，展现出自身的标志性。

酒店地下一层平面图

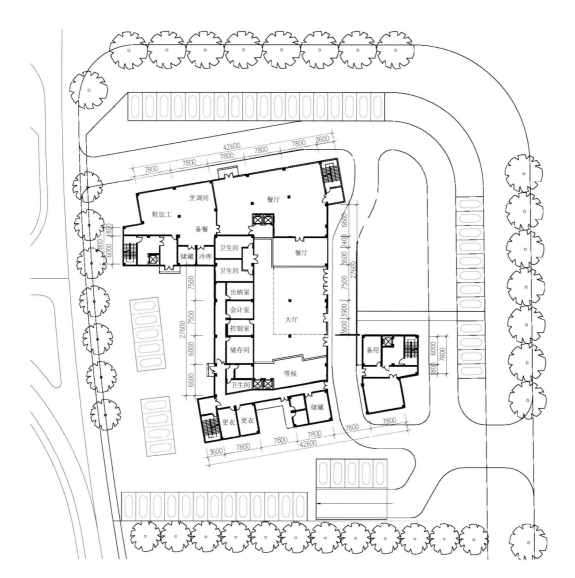

酒店一层平面图

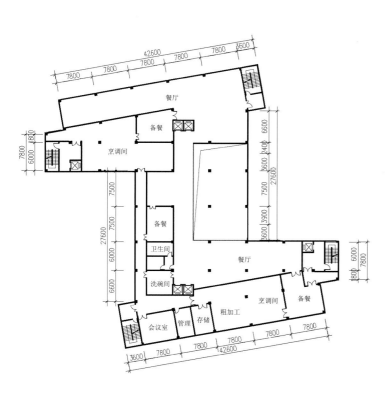

酒店二层平面图

酒店标准层平面图

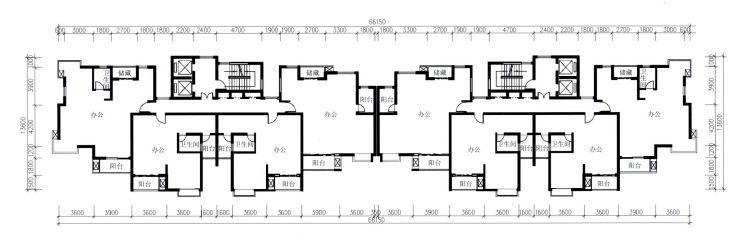

4～6号楼标准层平面图

中海盐田住宅

楼盘档案

开发商　中海房地产开发股份有限公司
建筑设计　深圳大学建筑设计研究院QL
　　　　　工作室

经济技术指标

用地面积　8.410hm²
建筑面积　9.387万m²
　　　　　（计容积率面积+半地下车库面积）
容 积 率　1.0
绿 地 率　64%
总 户 数　1101户
停 车 位　502个

项目概况

项目所处地块位于盐田港西南片区，梧桐山东南山麓，盐田港区（深盐路）北侧。基地周边均为未开发的山地，紧邻深圳外国语学校盐田寄宿制高中部，距沙头角镇9km，距沙头角保税区8km。基地背靠梧桐山，面向沙田港，呈西北高东南低的走势。地块内植物生长繁盛，有山泉和小鱼塘。地块为山地，地质情况复杂。

结合地形，提供不同层次的组团空间

项目每组建筑组团均根据周边环境的地形、地势、朝向和交通需要，来确定其存在的形态，社区中心以叠落的水面为中心，至主入口形成一个主空间序列，高低变幻的自由布局，形成了一个个有机的、活跃的居住组团空间，穿插于主空间序列之中，形成了一系列变化丰富的空间景象。

多界面、复合空间景观设计

在主入口和展示区的设计上，利用叠落的水系组织了两条登山道。一条由会所乘电梯直达半山处，参观完样板房后，可由另一条沿水系而下的山路拾级而下，在体验近身的山水景观的同时面向着大海。同时保留了基地北侧的一条山溪和基地中间的一座小山及两个水塘，主要建筑均围绕这个山水中心布置，水系也顺着山势层层叠落，达到了完美的融合。

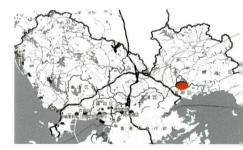

中海盐田住宅 165

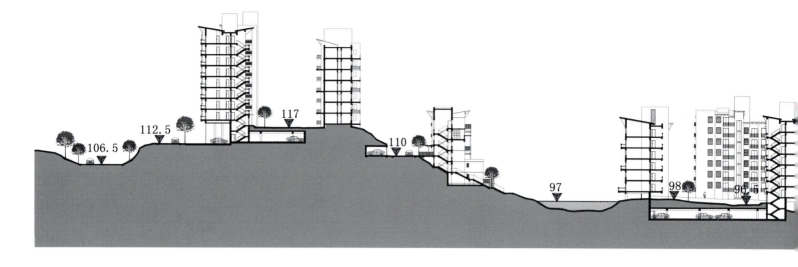

166 中海盐田住宅

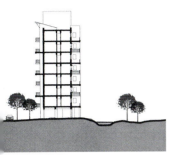

基地南北向剖面一

环路车行交通+放射型步行系统

依据地势设计了一条位于不同标高的、贯穿各个组团的车行交通环路。步行系统则沿基地的中间向四周放射，减少人与机动车的交叉。各组团的停车库利用山形地势的高差巧妙设计，停车库借山势自然形成地下层，上部种植植物，达到对自然景观的最大保护。

建筑融合自然景观，体现山野情趣

建筑重视外部空间、开放空间和中介空间的经营。结合地形做部分架空层，组团沿山地呈线性布置，部分组团内部还围合出一系列院落空间。单体造型上，与山体紧密结合，使住户可以从不同标高层次上进入建筑。材料选择上，以求立面效果尽量与自然环境相融合，体现山野情趣。

景观分析图

交通系统分析图

中海盐田住宅

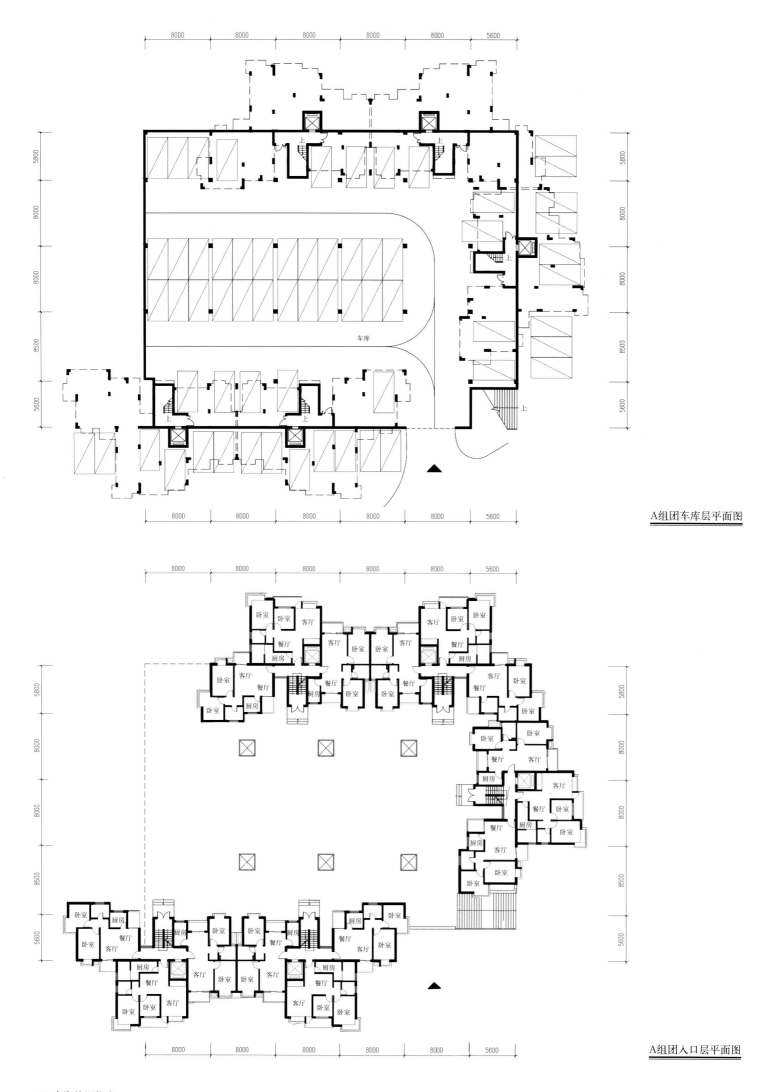

A组团车库层平面图

A组团入口层平面图

168 中海盐田住宅

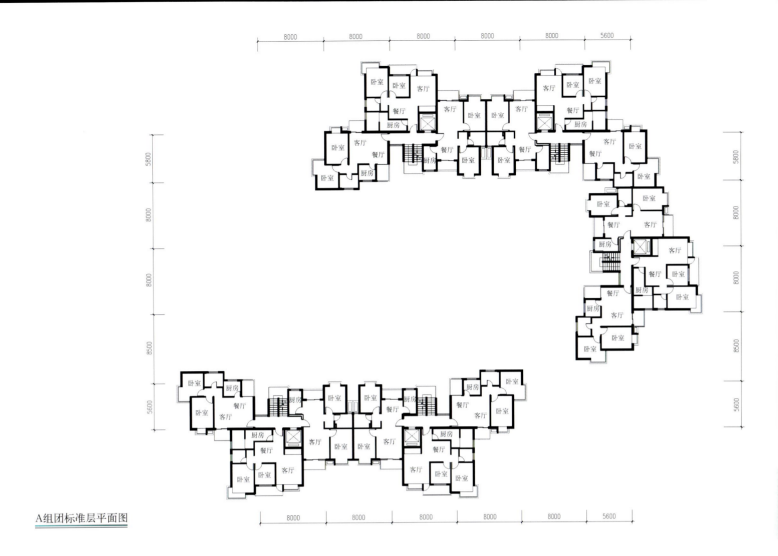

A组团标准层平面图

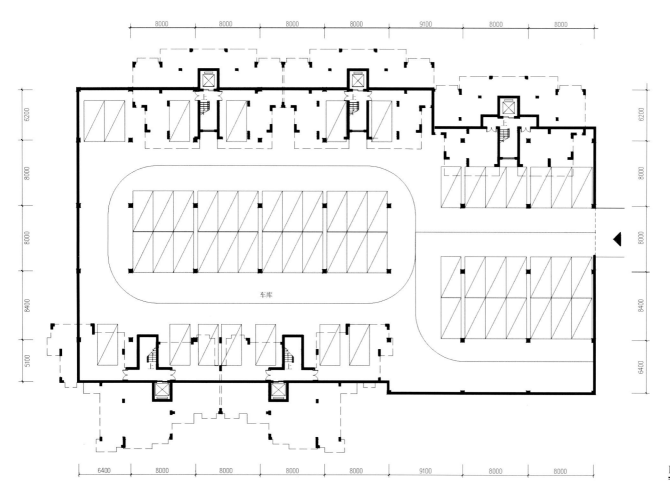

B组团车库层平面图

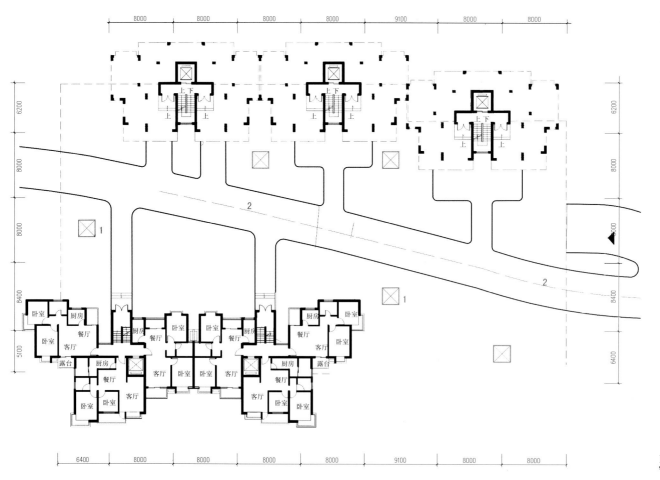

B组团入口层平面图

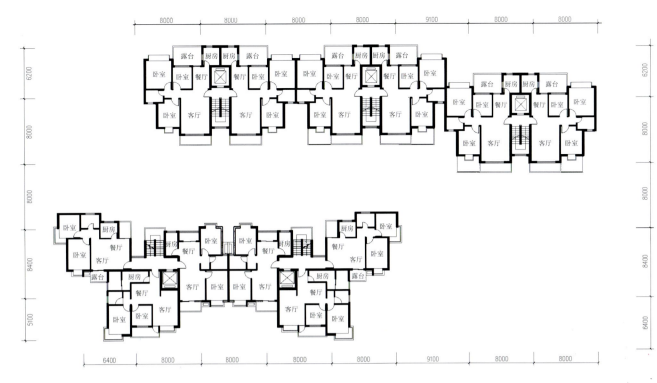

B组团标准层奇数层平面图

中海盐田住宅 171

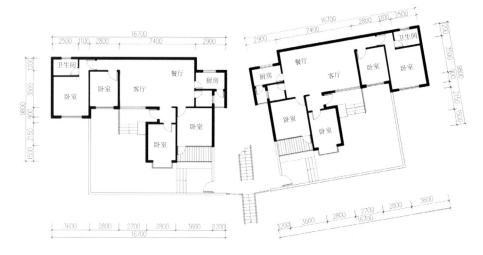

B户型一层平面图

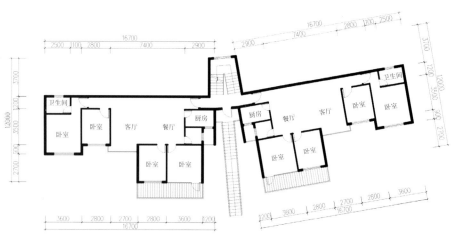

B户型二层平面图

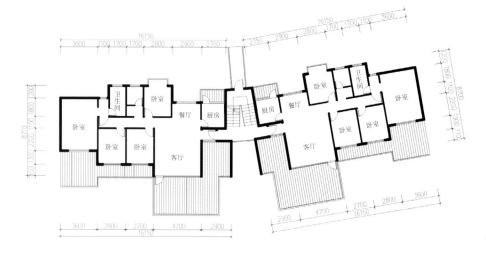

B户型三层平面图

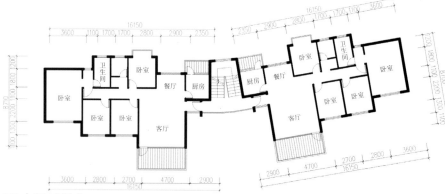

B户型四层平面图

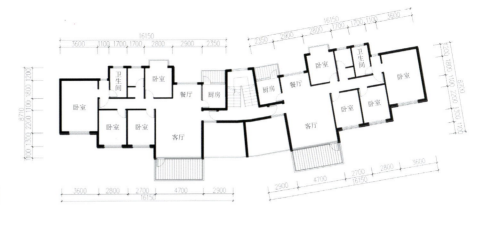

B户型五层平面图

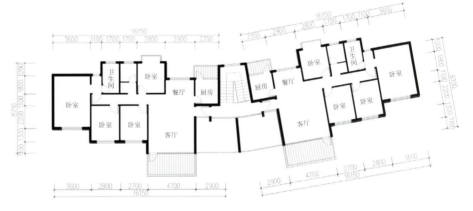

B户型六层平面图

中海盐田住宅 173

鲁能园（一期）

楼盘档案
开 发 商　浙江金基置业有限公司
设计单位　机械工业第三设计研究院

经济技术指标
用地面积　13.45hm²
建筑面积　24.317万m²
容 积 率　1.81
绿 地 率　36.03%
总 户 数　1691户
停 车 位　883个

项目概况

园区位于重庆市渝北区北部城区东翼，规划中五童路与东西向穿过园区的新溉路将园区分为三个部分，一期用地位于园区最重要的西区地块东北角，五童路与新溉路交会处的西南侧。用地原始地貌为一个较完整的圆形山丘，最高点267m，最低点216m。山脚下为小区内最大的天然水面——新堰水库。

沿山就势，结合地形的总体布局

本地块地形复杂，自然坡度大，规划设计中，沿山势由西南向东北，建筑依次升高，小区北侧沿新溉路全部布置高层住宅，既顺应地形也阻挡城市道路交通噪声对小区的干扰。对于地块西侧五童路上的交通噪声干扰，采取建筑山墙面对道路，避免建筑西向布局及主要采光面朝向道路，减少干扰。

坡地景观，层次丰富

小区南北向中心轴线上规划为一条人行景观道，主要人流由东侧主入口进入会所，沿人行景观道拾级而上，梯级两侧及中间以叠水、瀑布相伴，形成层次丰富的景观环境。

人车分流，避免干扰

小区的停车大部分采用半地下车库的方式，人行及车行主入口设在小区主要入口，广场北侧设有一个室外停车场。小区设南北两条主要交通道路，两端合并后分别通向小区主、次入口。半地下车库出入口设于两条道路两端，尽量减少车辆对小区内行人的影响，基本实现人车分流。

道路系统分析图

建筑形态分析图

鲁能园（一期）

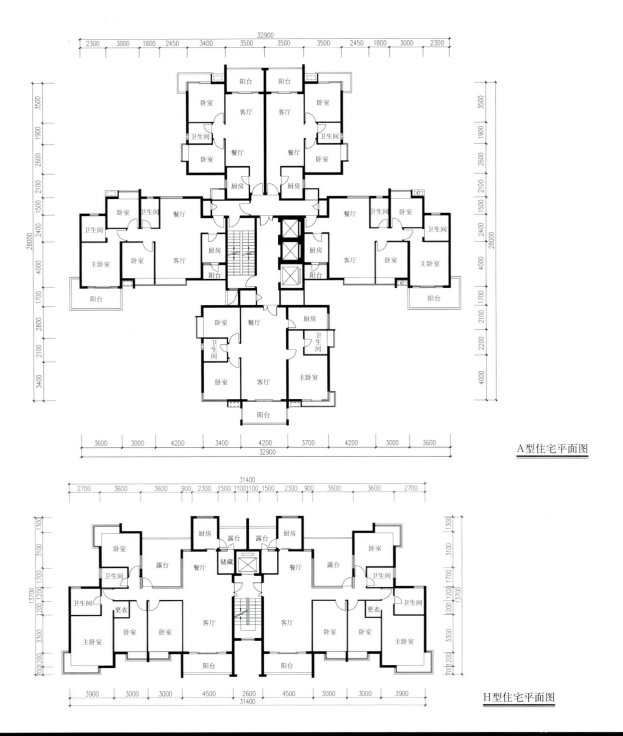

A型住宅平面图

H型住宅平面图

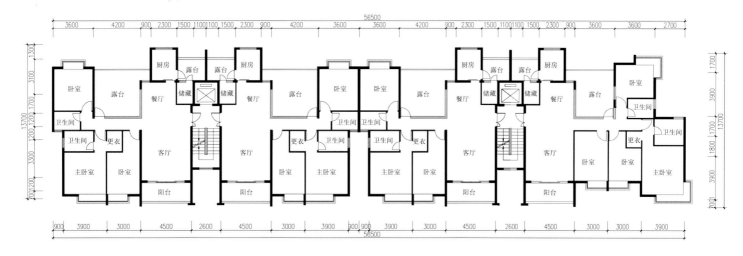

G型住宅平面图

紧密结合地形，满足不同档次的户型

户型以中小型为主，力求提高住宅的实用率，尽量争取较好的景观。户型分布上根据其位置的优势决定其户型的定位，多层均布置在小区的南部水岸边，而复式住宅依地形由南向北由低向高逐层退台，视野开阔，中高层及高层均考虑做入户花园及内庭花园，为小区提供不同档次及风格的多种户型，以适应市场需求。

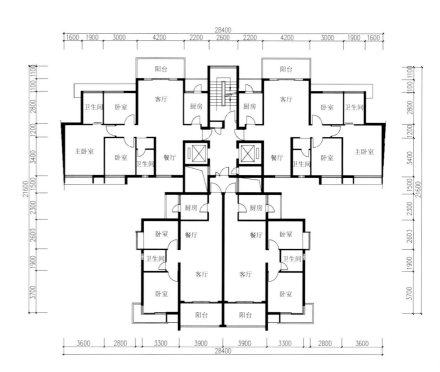

B型住宅平面图

D型住宅平面图

六安香格里拉

楼盘档案

开 发 商　六安市盛唐置业发展有限公司
设计单位　杭州禾泽都林建筑景观设计有限公司

经济技术指标

用地面积　9.802hm²
建筑面积　11.748万m²（地上）
容 积 率　1.19
绿 化 率　40.2%
总 户 数　913户
停 车 位　549个

六安香格里拉花园位于安徽六安新区核心区位，北临佛子岭路，南为省道，东边是城市规划南华路，场地内地势略有起伏错落，四边均有城市道路，交通便捷，市政设施配套齐全，总体环境十分利于居住。

流线型围合式布局

总体布局上，结合地势、因地制宜，充分利用水的柔性和坡地的亲和力，并作为景观主题。设计脉络为流线型围合式布局，创造一个中心，一条景观环线，一条水系坡地景观轴，五个居住组团，建筑形态空间建筑布局形式活泼。营造具有浓郁皖西风情的住宅小区，用现代的方式诠释皖西的特色与建筑韵味。

现代手法表达古典意蕴

建筑结合地势高差设置，户户有景，户型布局合理，厅房方正动静分区，隐梁隐柱，管线暗埋；造型力求运用现代手法表达古典意蕴。通过宜人的尺度，精致的比例，和谐的材料色彩搭配，充满生机的光影变化，营造层次分明，富有动感和亲和力的建筑空间。

立面设计中，采用现代与中国传统风情住宅相结合的手法，诠释具有皖系风情的建筑韵味，增加当地居民的心里归属感。净白的玻璃窗、露台，米色的涂料及陶土瓦，精细面砖的运用，简洁大方。

"依山而居、活水穿村"

研究徽派建筑特色，追寻"依山而居、活水穿村"的徽州园林特点，因地制宜，利用地形高差，创多层次景观空间，使整个小区高低错落，此起彼伏，公共景观、组团景观和庭院景观层次分明、各具特色。以自然为主，注重生态景观与人文景观、自然景观的结合，最大程度的从自然界中汲取水、草、树等基本元素构成主体景观，把水的灵动和树木的深幽巧妙地结合。

道路结合景观 人车分流设计

设计中采用人车分流，道路结合景观，自然划分形成相对封闭的组团，以住户为中心，创造便捷的交通路线。引导进入者对建筑和环境从不同的角度得到丰富变化的印象。采用地上停车和地下停车相合的设计方法。

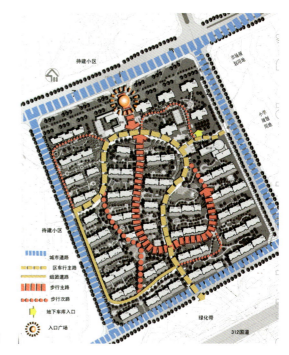

道路分析图

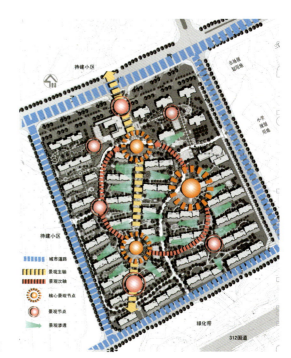

景观分析图

功能分析图

六安香格里拉 185

VILLA
低密度住区

人居动态 IV
2007 全国人居经典建筑规划设计方案竞赛获奖作品精选
QUANGUO RENJU JINGDIAN JIANZHU GUIHUA SHEJI FANGAN JINGSAI HUOJIANG ZUOPIN JINGXUAN

宁波	江南一品	188
惠阳	半岛一号	198
北京	将军关新村	208
黄山	茶博园	212
富阳	九龙一号	220
上海	蓝山小城（二期）	228
上海	七宝柳岸街邻	238
惠州	山水江南花园	246
上海	松江九亭沪亭北路1号	260
无锡	高山御花园	270
徐州	南湖别院	278

江南一品

楼盘档案

开发商　宁波兴普房产有限公司
设计单位　清华大学建筑设计研究院

经济技术指标

用地面积　22.143hm²
建筑面积　54.675万m²
容 积 率　1.7
绿 化 率　35%
总 户 数　1610户
停 车 位　3056个

江南一品位于宁波科技园区，是宁波城市的几何中心。项目东临金家河，西连杨木碶路，南接新晖路，北靠江南路，分南北两区，南区为住宅用地，北区为商业及酒店式公寓。区域优势十分明显，是宁波不可多得的城市最佳栖息之地。江南一品分三期开发，南区一期为城市纯别墅群，南区二期为高层住宅，北区为三期。

使馆级鸿篇巨制

以意大利沿海小镇的宁静、多水体为蓝本，体现"水岸风情"的理念为设计重点。部分建筑则体现中式传统的院落观念，以建筑与围墙造就相对私密的合院或内院。设计中利用了金家河现存水系的环境优势，并与对岸公园交相辉映，塑造与众不同的特色型住宅区，这是本设计的突破点。小区入口开向杨木碶路，次入口开向新晖路，江南路方向有应急入口。

人车分流 各为所用

本地块干道设有人行道，别墅组团内所有汽车均通过半地下车库出入，地上道路系统只供步行；高层组团内所有汽车均通过地下车库出入，其地上道路系统只供步行及消防车通行。沿河绿化带结合水系设置步行街。所有别墅组团停车于半地下车库，少量地面停车，其余高层公建则以地下停车为主。

"园、院、岸、街"四大主题景观

小区的东侧利用公园景观，沿河设步行景观路，加设的过河桥使公园成为小区的后花园；从高层望去，公园景色又形成对景。别墅区通过对水网的布局，使每个庭院既相对独立又高度统一；景观设计师在优化重组基础上于金家河西岸布置各景点，与对岸的院士公园交相辉映。

车流交通分析图

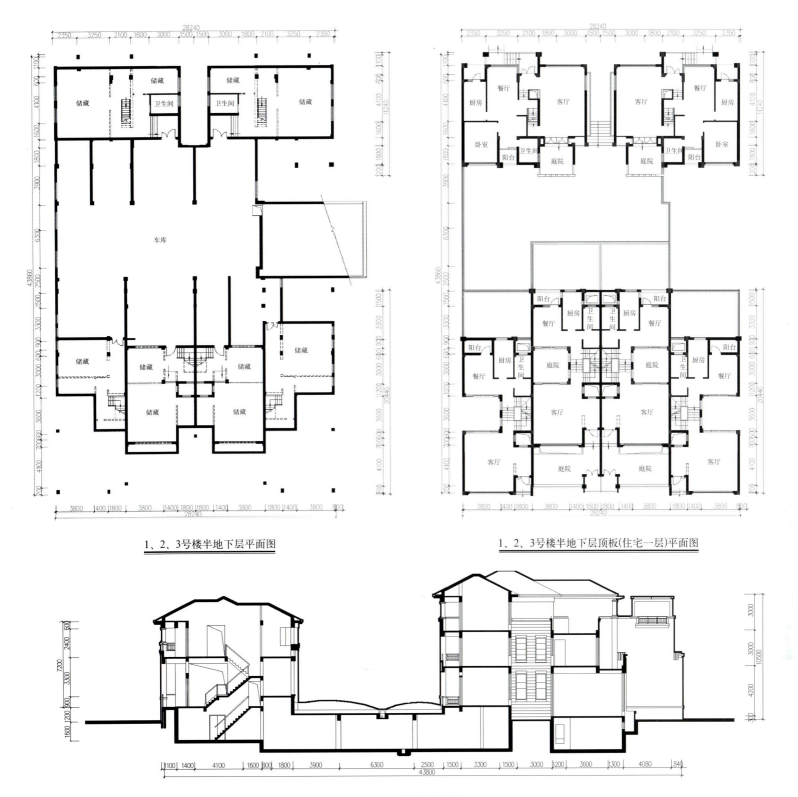

1、2、3号楼半地下层平面图

1、2、3号楼半地下层顶板(住宅一层)平面图

1、2、3号楼剖面图

"中式意境，西式手法"的建筑风格

　　叠拼别墅上层带独立入户庭院、入户花园，下层带前后花园，中庭花园达20m²以上，独步宁波，从形式上一分为二。江南一品营造丰富的立面感受，层层退台，露台，让每一幢建筑都各具特色，演绎出丰富多彩的立面效果。设计中采用庑殿级坡屋顶，是别墅中的极高规格。

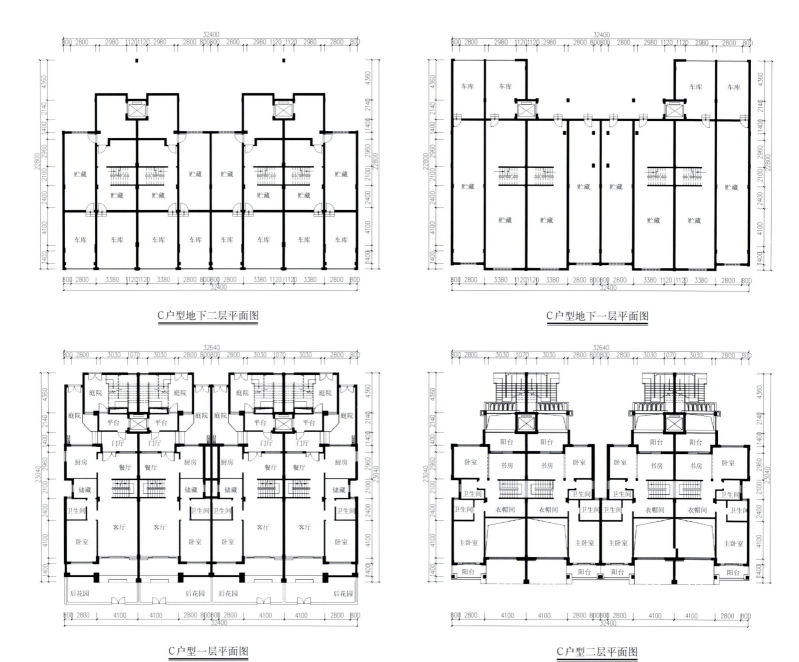

C户型地下二层平面图

C户型地下一层平面图

C户型一层平面图

C户型二层平面图

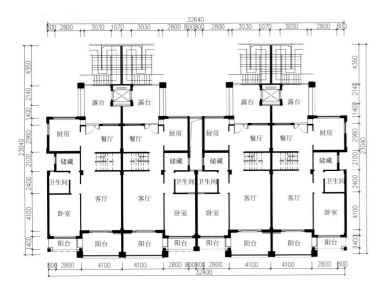

C户型三层平面图

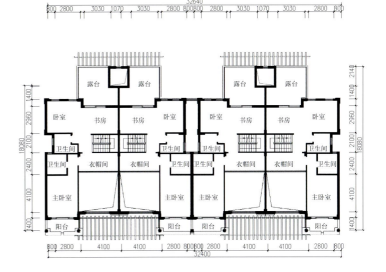

C户型四层平面图

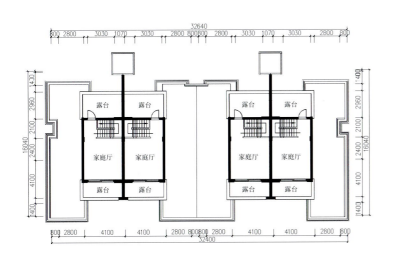

C户型五层平面图

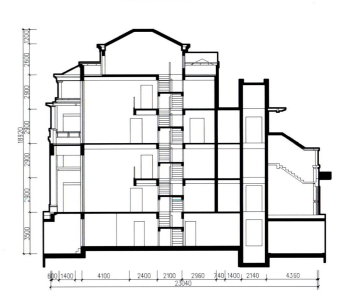

C户型剖面图

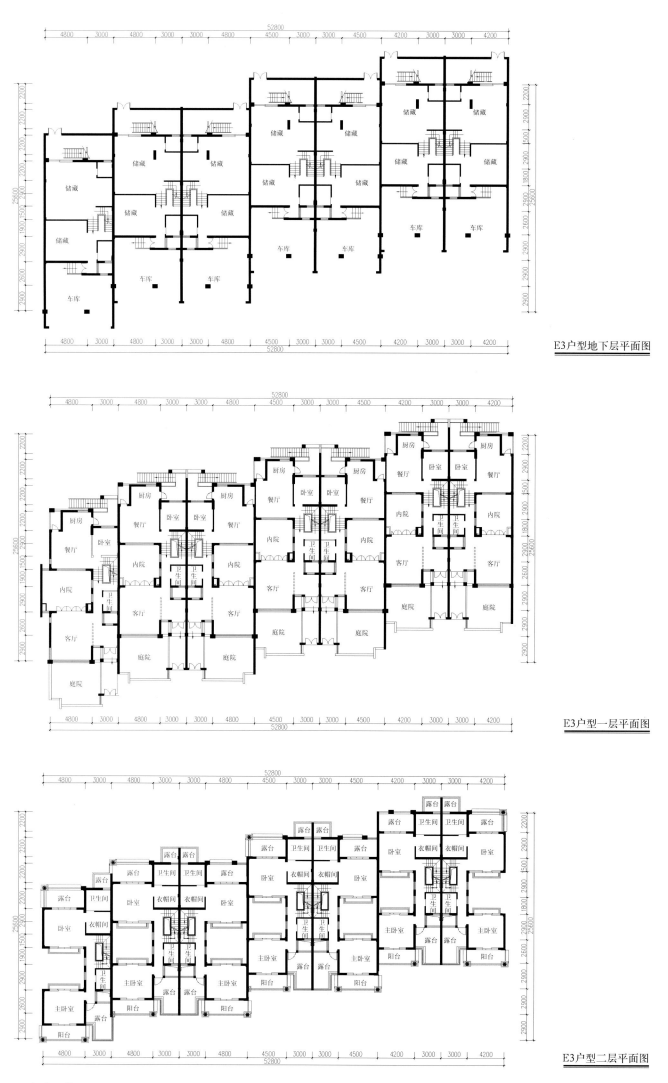

E3户型地下层平面图

E3户型一层平面图

E3户型二层平面图

E3户型三层平面图

E3户型剖面图

江南一品 197

半岛一号

楼盘档案

开 发 商　深圳南山新城市房地产有限公司
设计单位　华森建筑与工程设计顾问有限公司

经济技术指标

用地面积　　14.329hm²
建筑面积　　13.075万m²
容 积 率　　0.91
绿 化 率　　40%
总 户 数　　908户
停 车 位　　909个

惠阳泗水半岛一号一期位于惠阳淡水镇新区中心，距大亚湾经济技术开发区约15km，距惠州市约40km。本项目紧邻占地140万m²的棕榈岛27洞高尔夫球场（已建成）及占地92万m²的文化体育公园（计划于2005年3月开工），文化体育公园由本项目开发商全资建设。

开放性空间布局

规划主要从公共开放性空间的设计上寻求突破口。首先传承和深化了总体规划中的步行景观中轴线，以形成轴线上不同的景观节点和高潮，欲形成有特色的高尚生态园林智能化绿色小区。

从东西向引入机动车流　倡导步行优先

从东西两侧同时引入住区的机动车流，利用市政道路与地面高差形成架空式或半地下式生态停车库。一期住区的各组团人行主要出入口均沿中轴线上设置。公共开放空间得到更好的利用。

高潮迭起的景观轴线

半圆形广场作为住区的人行出入口，形成"门阙形"入口空间，景观轴的中段主要肩负人流转换的功能，利用这条公共的步行轴线合理对组团人流进行分流。景观轴的终点是相对于文化体育公园轴线而言的，但对于住区而言，其恰恰又是住区的景观起点。

西班牙建筑风格的单体设计

居住产品种类较多，是多阶层混居的社区。建筑户型设计有吸纳景观和向自然开放的共性。圆弧形对街式商业与直线形商业街区相互结合，形成方便、快捷、可循环的人流系统。

折衷的西班牙建筑风格，从住宅到公建，从建筑到环境。采用无釉赤陶橘色瓦屋顶，白色和浅黄质感涂料面墙，以及毛石的装饰片墙、基座，形成既淳朴又高雅的异域情调。

200 半岛一号

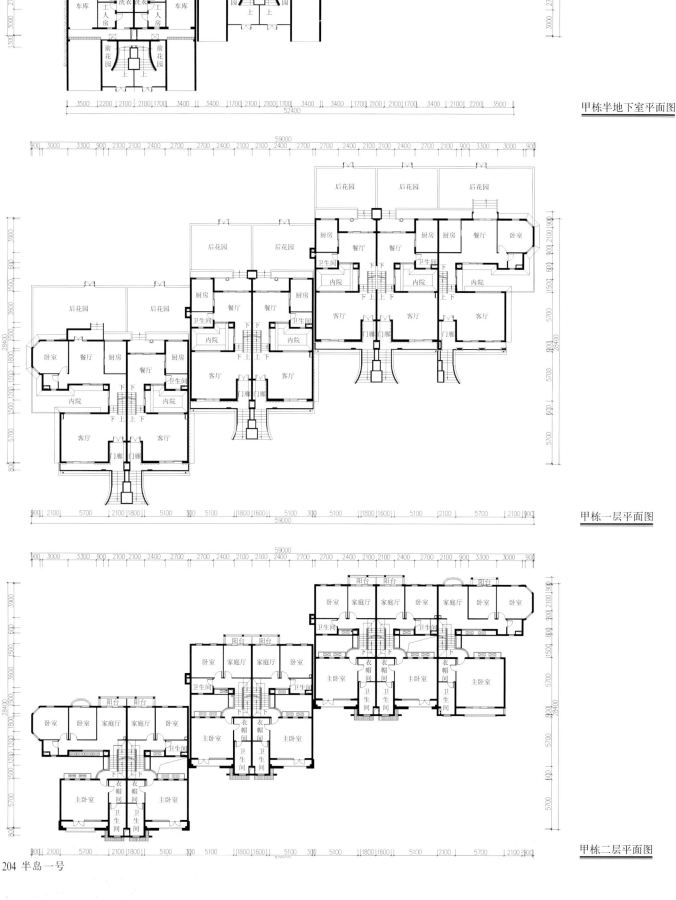

甲栋半地下室平面图

甲栋一层平面图

甲栋二层平面图

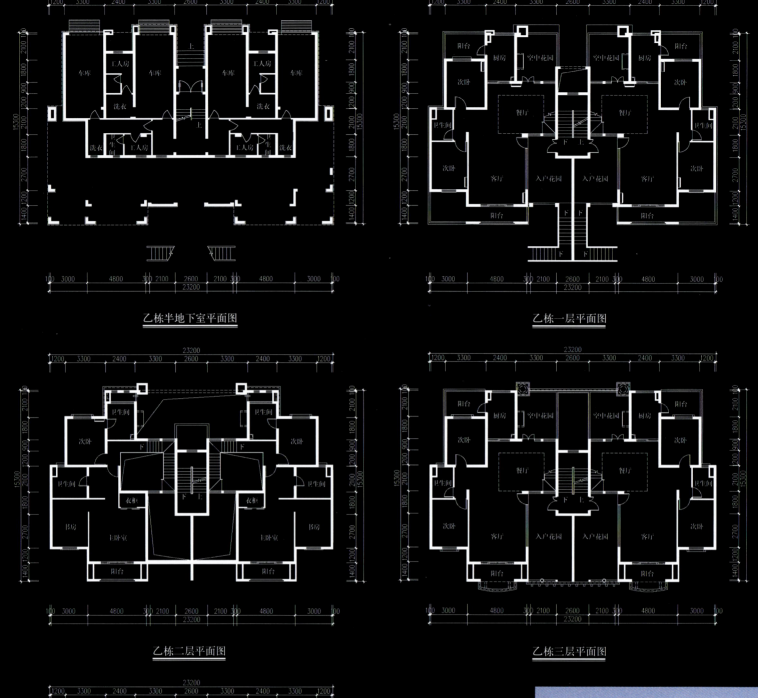

乙栋半地下室平面图

乙栋一层平面图

乙栋二层平面图

乙栋三层平面图

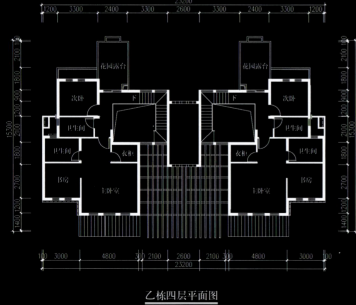

乙栋四层平面图

将军关新村

楼盘档案

开发商　北京市平谷区将军关村村委会
设计单位　中国建筑设计研究院

经济技术指标

用地面积　10.2hm²
建筑面积　3.387万m²
容 积 率　0.33
绿 化 率　42.3%
总 户 数　202户

将军关村新村建设用地位于金海湖镇将军关村现状村庄以南约600m，距明长城将军关段仅有1.6km，胡陵路以西，将军关石河以东。用地形状近似于平行四边形，南北长约600m，东西宽约260m，总用地面积约18.6hm²。用地内地势北高南低，高差7~8m，坡度较大，现状用地内全部为农田，且不属于农田保护区。

南北两大分区　丰富的规划空间

依据地形特点，周边道路情况，新村住宅按南北两片区布局。每个居住片区由若干个生活单元组成，生活单元大小不等，有的包括几个院子，有的由十几个院子组成。通过院落之间的相互错动，既丰富空间，又避免行列式布局，使院落成群成片，渗透于自然之中。

车行道路通畅　街巷式步行路

小区主干道规划为"匚"形，主干道开口朝向胡陵路，次干道为南北两条环路。步行系统由步行商业街与串联南北两区的街巷式步行路组成十字街，外加南北两个环式步行路组合而成。步行商业街两侧为商式住宅，东端结合新村的主要步行入口布置广场，通过组团的进退错动及单体建筑设计，丰富变化。

三带多点 移步换景的沿路景观

新村与将军关石河之间规划一条滨河绿带；沿中心商业步行街南北两侧布置连续绿带，形成贯穿新村东西部的绿色通廊；新村用地与公路之间设置绿化隔离带，避免过境车辆对居民的干扰。以小块绿地点缀在院落空间中，与家家户户的庭院绿化一起构成新村绿化系统的多点元素。

根据村民生活特点及传统北方村落的空间特征，规划了公共活动空间—街巷式步行空间—院落空间的多层次空间环境，各场所综合考虑使用功能及景观需要控制尺度。

中式现代的建筑风格

充分考虑农居新村的旅游接待功能，营造舒适宜人的生活环境，结合现代建筑的设计手法，采用中式现代的建筑风格。

绿色景观分析图

结构分析图

交通分析图

将军关新村

茶博园

楼盘档案

开 发 商	上海华中房地产开发有限公司
规划单位	上海翌德建筑规划设计有限公司
合作单位	法国翌德国际设计机构

经济技术指标

用地面积	47.73hm²
建筑面积	5.59万m²
容 积 率	0.12
绿 化 率	82%
停 车 位	500个

茶博园地块位于黄山市中心地区屯溪西郊，北距黄山机场3km，南距徽杭高速公路1.5km，东距黄山市中心不足2km。基地四周道路分别为迎宾大道、屯婺路、西区一号路及西区三号路，规划总用地面积293.56hm²，其中一期建筑用地47.73hm²。

"一带、一环、双核"的规划结构

一带即茶博园地块控规层面的中央景观活动带在东部一期范围的组织和延伸；一环即公共建筑与别墅会所首尾相接形成环形建筑空间；双核即中央景观带上两个重要节点——东部结合大面积水域形成的中央公园和西部一期会所围绕的组团中心。

绿色交通 完善易达

一期用地范围内出入口有4处。南侧和东侧设主入口，还在国际会议中心入口及北侧支路设置两个辅助出入口。中央水系北岸道路采用机动车和电瓶车混行，南侧会所和东侧公建的半环行道路和一条与之相交的纵向机动车道路。联系中央水系南侧沿岸的各景观节点以及联系南部会所和水系之间设计一条步行通道。

"两主两辅"的视线通廊 "动-静-憩"的景观特征

两条景观主轴相交于中央公园的灯塔，两条景观辅轴为八个山顶之间形成的视线通廊，是基地边际线的高度控制要素。除了基地内部规划还应当考虑基地与外部高度控制点之间联系的可能性。

滨水公园与酒店围合着大面积的水域，形成一个以游乐为主的水上公园。后方的别墅游艇区有两道缓坡大坝与滨水栈道区紧密相连形成亲水游憩空间。最西部形成以水为主题的休闲空间。

提取传统元素 现代主义别样别墅

别墅分为西式庄园别墅，生态跌落别墅，现代山林别墅，山顶古堡别墅，阳光滨水别墅。

设计中研究了多种院落组合和可能性，根据不同坡度不同地形形成各种院落空间和群体空间。风格上形成现代主义风格，又含有中国传统元素的别样别墅。

一期总平面图

垂钓台
滨水小型舞台
水景餐厅露台
水景餐厅
服务设施泊车场
景观栈桥
水坝吊桥
滨水别墅
水景公园
亲水平台
灯塔及水上舞台

景观规划设计

道路系统分析图

景观系统分析图

绿地系统分析图

功能结构分析图

现状水系分布图

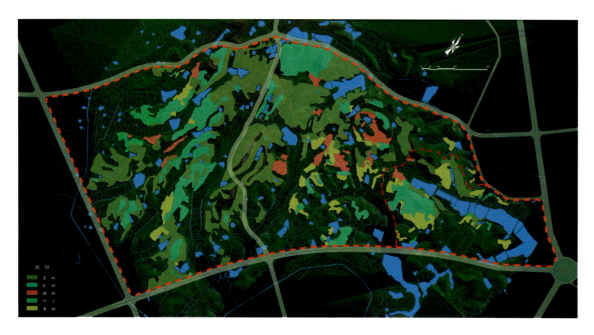

现状植被分布图

"两脉"加"一水"的地貌特征

两脉——茶博园地块"八脉"中的东北部两脉。山脉的最高峰位于基地西部，河流南侧。最高峰是基地的高度控制点。与其高度接近的西北侧山峰稍低一些。除了两个主峰以外还有6个小山头，呈半环状分布于基地南侧。

一水——是一期水面较集中的地方，同时也是整个茶博园地块中水面最为集中的地段。由于山地高差的变化，水面被自然堤坝截断通过泵站、抬高堤岸等措施，水系存在相互联通的可能。现状水面从西到东总高差约为11m。

用地适建性

一类用地——主要分布于东部、南部的滨水及平缓用地上，也是最适宜建设的用地。

二类用地——主要分布于两座高峰的山腰及底部，中央水体的西部两侧也以该类用地为主。

三类用地——由于高度和植被的影响，两座山脉的上半部位为三类用地。

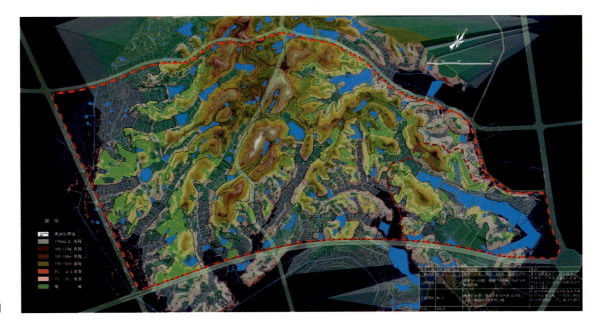

用地评价图

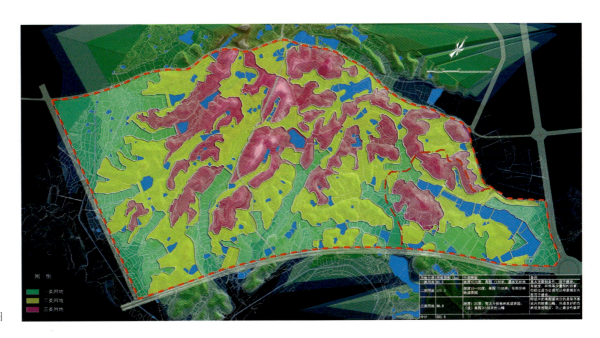

用地适建性分析图

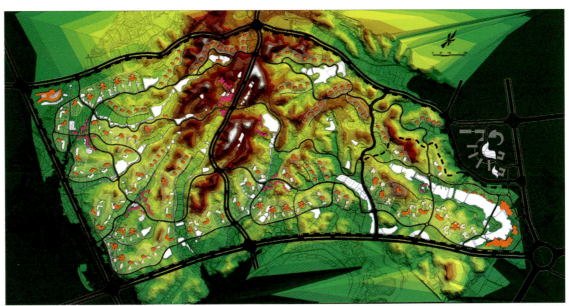

建筑与地形关系图

茶博园 219

九龙一号

楼盘档案

开 发 商　杭州银溪九龙房地产开发有限公司
建筑设计　杭州禾泽都林建筑景观设计有限公司

经济技术指标

用地面积　10.035hm²
建筑面积　10.075万m²
容 积 率　1.0
绿 化 率　38%
总 户 数　310户
停 车 位　465个

九龙一号住宅小区项目位于富阳市受降镇，东临七里香溪住宅区，南至九龙大道，西面为杭州野生动物园，北面为桐板桥村。项目位于杭州主城区向西发展的主要轴线之上的核心部位，距杭州国际机场50分钟，距杭州火车站仅半小时。基地由南向北呈逐渐上升趋势，且进深狭长，南段地势最低处与九龙大道和东面的七里香溪地块高差较大。

项目定位：现代中式联体别墅。

富有个性的入口空间　含有韵味的整体布局

设计中创造性地将建筑的红线后退50m，形成宽200多m，深50m的完全开敞的入口空间。在主入口东侧与七里香溪之间形成5000m²的湖面，这个湖的水面与用地和九龙大道形成3~4m的高差，与整个场地，形成一个"峰与谷"的图底关系，即"峰回路转"的山水空间特征。

层次分明的道路骨架系统

清晰的整体空间特征，就形成自然的路网结构即：小区主干道—组团道路—入口道路，这样层次分明的骨架系统，自然将基地划分形成入口广场商业会所，小区内部会所及四大住宅组团。自小区主入口开始，机动车通过小区内环路自外围流动，而将小区组团内的交通全部让给行人，体现人本主义的设计精神。

两场、三湖、三涧（谷）、一带的景观点

景观设计着重在主要空间节点上进行深入的刻画，形成两大广场、三湖、三涧（谷）、一带的景观点，形成丰富且有层次的公共共享绿地空间，为不同层次的人提供不同的活动场所，为小区的品位提升创造良好的外部空间。

"峰与谷"相互交替的竖向组织设计

本地块最大的地形特点就是竖向组织，它组织的好坏直接关系整个小区的各个层次环节，为此设计中形成"峰与谷"相互交替的地形特点，坡度控制在2%~5%之间。

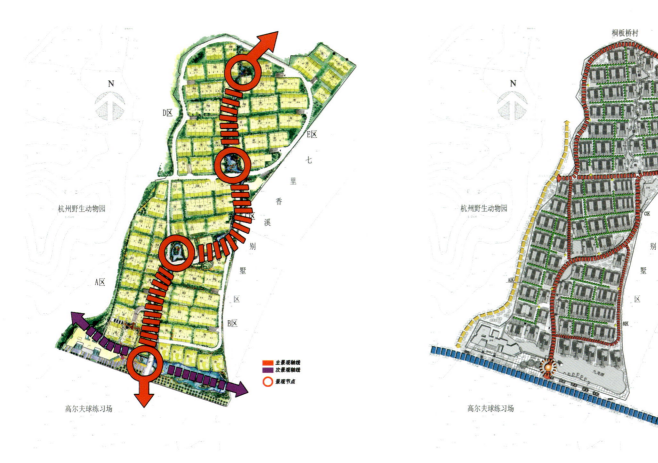

景观分析图　　　　　　　　　　　　　交通分析图

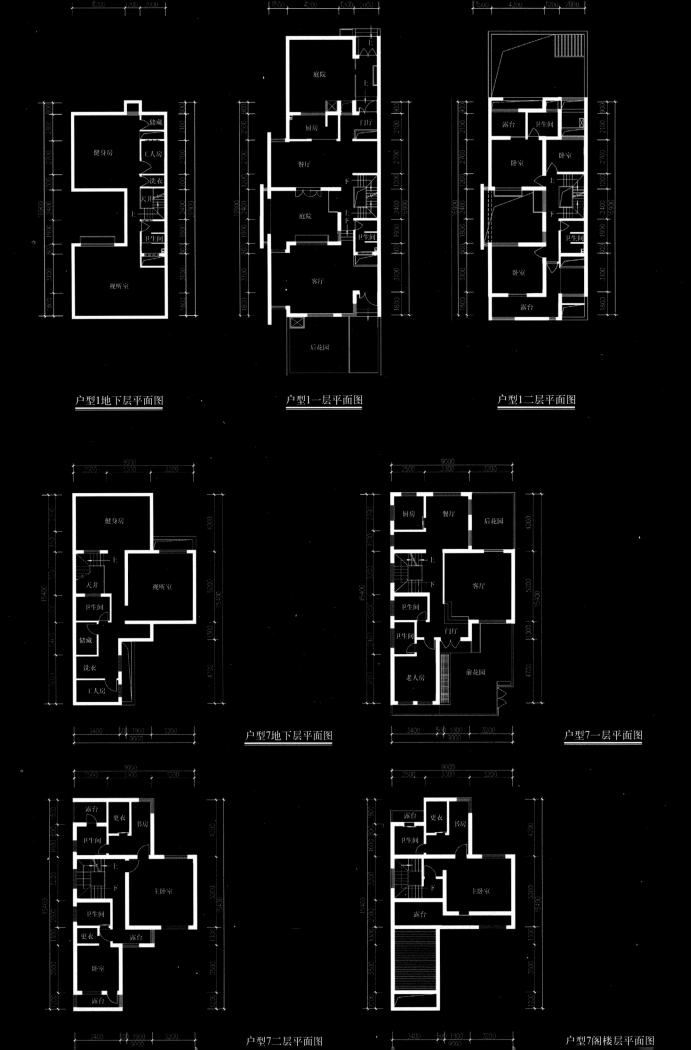

户型8地下层平面图

户型8一层平面图

户型8二层平面图

户型8阁楼层平面图

错落有致的建筑布局

小区建筑布局灵活，前后左右形成高差，视线开畅通透，并可以根据场地高差关系利用地下空间，提高建筑额外的使用空间。再布置中点式与条式有机穿插，把点式布置在景观良好的小溪旁边，并前后左右错开，以不遮挡建筑景观视线。

蓝山小城（二期）

楼盘档案

开 发 商　万科企业股份有限公司
设计单位　中建国际（深圳）设计顾问有限公司

经济技术指标

用地面积　5.907hm^2
建筑面积　3.236万m^2
容 积 率　0.41
绿 化 率　35%
总 户 数　71户
停 车 位　142个

蓝山小城二期位于浦东新区东部曹路镇，外环线以东，项目距离市区约25km，距小陆家嘴20km，距金桥开发区约10km。二期规划用地是原蓝山小城一期三区用地，现状为较平坦的农田，地块呈不规则状，东侧为不规则形状至22m宽民雷路，南面是蓝山小城一期（部分已建），西到50m宽的华东路，北临22m宽的民春路，总用地面积为59068m^2。华东路西侧设有20m宽的市政绿化带。

舒适、健康、高尚、情趣的社区

设计遵循以人为本的思想，以人的行为活动为进出的理念，力图创造一个舒适、健康、高尚、情趣的别墅社区。在完善解决日照等居住生活基本要求前提下，创造更优美的居住氛围和多层次的景观空间。

本设计既是蓝山小城一期的延续，又起到提升蓝山小城社区品质的作用。

U形主干道　封闭环形道路系统

小区U形主干道把基地两块串联起来。小区次干道与主干道形成封闭环形道路系统，形成方便快捷、明确的交通。沿小区主干道设计有人行道路，方便行人交通。主干道7m，次干道6m，人行道3m。

营造中心区域　构造邻里空间

　　基地尊重基地周边现状，延伸一期的主干线，结合周边市政道路的走向合理规划小区路网，建筑南北向布置与周边项目、城市格局结构浑然一体。整个项目的规划是蓝山小城社区的自然延续扩展。

　　小区主干道与市政道路民雨路交织而行，营造地块与相邻社区的中心区域。在中心区域与一期的景观主轴的结合点上设计商业广场，沿民雨路规划设计现状景观道路，形成地区中心。沿此地区中心设计小区主入口，向基地四周布置建筑，构造邻里空间。

　　分析地块的周边环境的有利条件和不利条件，在基地沿民春路布置联体别墅，基地纵深布置独立别墅，充分提高基地利用价值。

道路系统分析图

管理模式分析图

产品分析图

带状景观道路　两片集中绿地

沿地区中心规划带状景观道路，在景观道路东西两边有两片集中绿地，形成带状与块状景观相结合，相互渗透。在整个小区景观规划中遵循私密空间—半私密空间—公共空间的原则，既丰富了小区空间，活跃小区氛围，又保证了住户的私密性。景观适当加入水系，起到画龙点睛的作用。

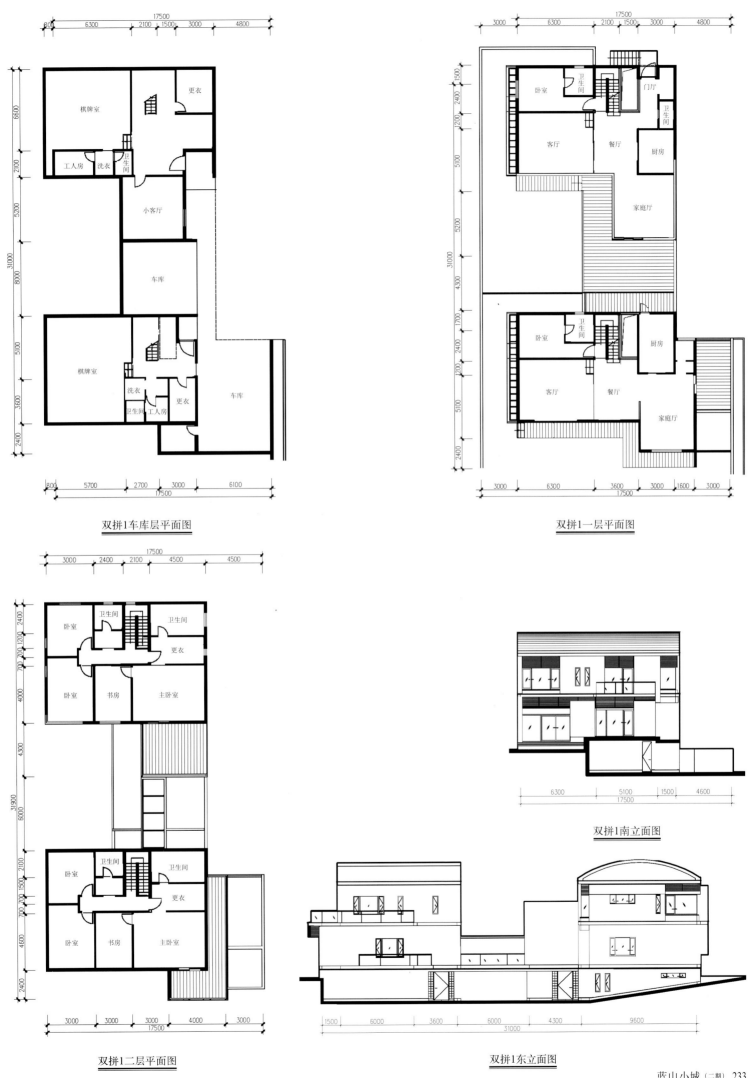

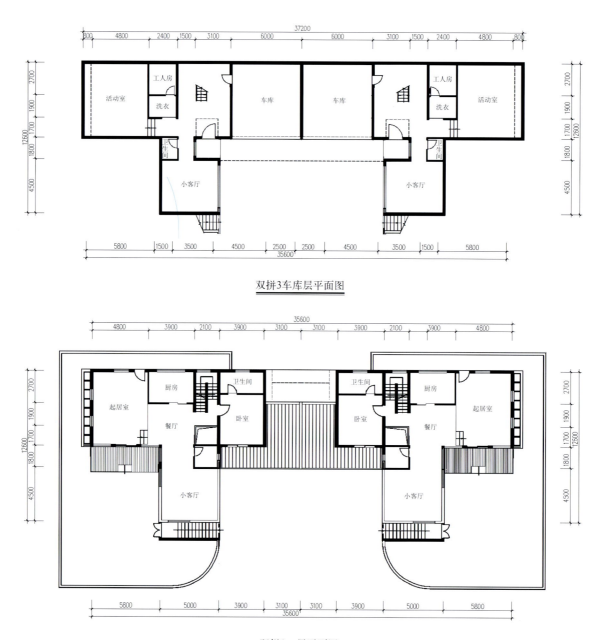

双拼3车库层平面图

双拼3一层平面图

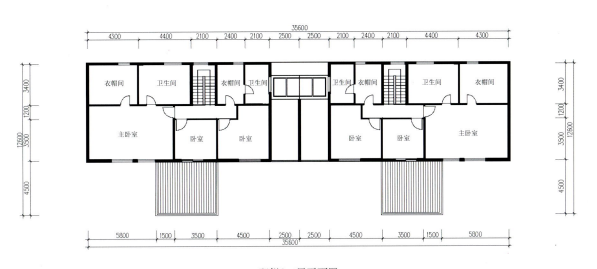

双拼3二层平面图

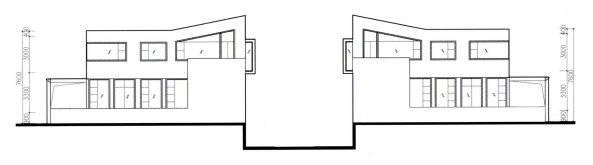

双拼3南立面图

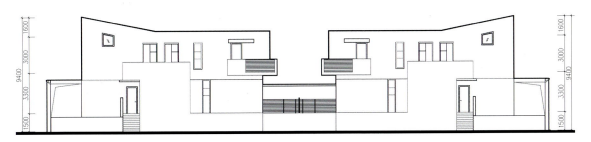

双拼3北立面图

蓝山小城（二期）

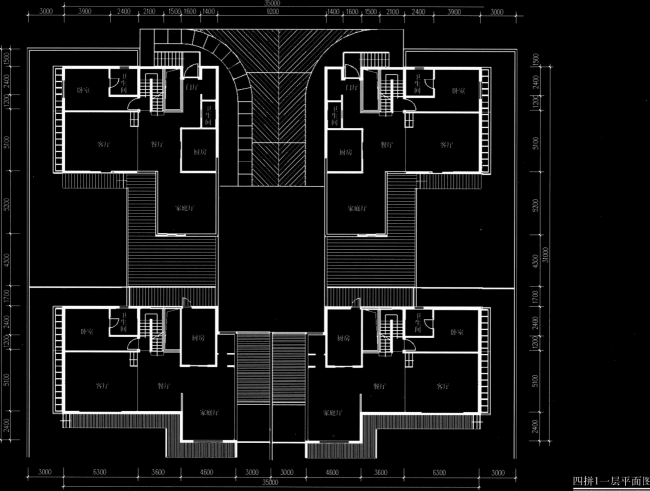

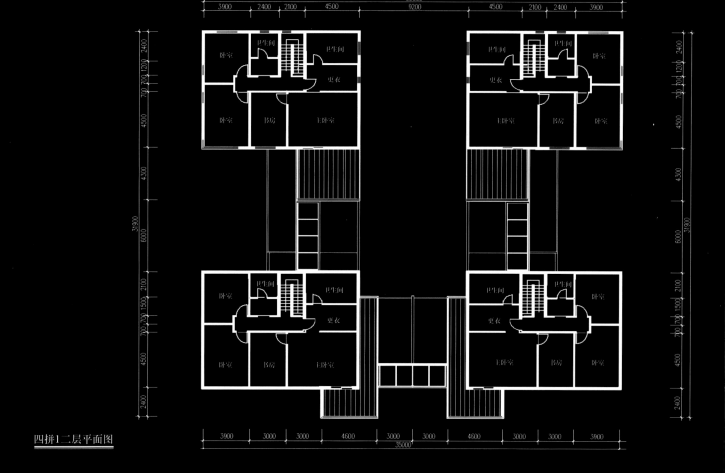

四拼1二层平面图

A1户型地下层平面图

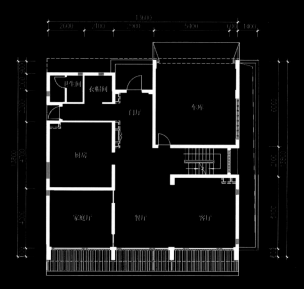

A1户型一层平面图

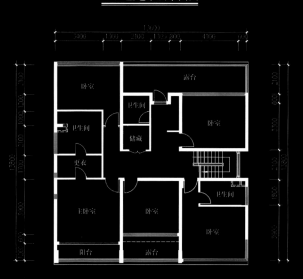

A1户型二层平面图

花园范围面积最大化 现代构图的立面

建筑单体有独立别墅，双拼和联体别墅三种。

建筑平面设计时，着重考虑了花园范围面积的最大化。在三层做退台设计，留出超大天台，内外空间相互渗透，天台、花园可供享受阳光雨露，使人和自然亲切交流，如同在大自然中居住，体现高尚品质。

立面设计采用简洁明快的现代风格，同时运用现代构图手法，创造一种既含现代建筑的简洁明快又不失细致和优雅的美感。

七宝柳岸街邻

楼盘档案

开发商　　上海鑫宝房地产开发有限公司
规划设计　上海同济城市规划设计研究院
建筑设计　上海江南建筑设计研究院

经济技术指标

用地面积　2.839hm²
建筑面积　2.224万m²
容积率　　1.1
绿化率　　25%
总户数　　62户
停车位　　86个

七宝柳岸街邻住区位于上海市闵行区七宝镇。基地北至青年路，南至蒲汇塘，西至横沥路，东至横沥港，隔路西邻七宝老街，具有良好的交通区位优势。基地内地势平坦，地貌简单，规划总用地面积为28385m²，其中规划红线范围内用地面积为20118m²。

布局北高南低　多样化建筑组团

基地中南部布置9栋3层的低层住宅，北部布置一幢5层住宅，与保留的多层住宅形成一个完整的院落空间，并在空间上作为与南部低层住宅的有效过渡。

围绕两处集中公共绿地布置，基地的建筑物被划分为6组，被东南两条步行绿化空间带环绕，并由基地中央南北向步行通道所串联，每个组团的构成元素和规模形态均不相同。

局部人车分流

采用局部人车分流的交通组织模式，车行道路呈半环形式并以枝状形式伸入至每个住宅的车行入口；步行系统由中心和东部的两条南北向步行道路组成，联系两处集中绿地和两条沿河开放空间。基地分设两个车行入口和两个步行出入口，便于组织单向机动车交通。

点线结合"井"字形的绿化形态结构

绿地系统布局采用点和线两种形式，由两片集中绿地，两条滨河绿带辅以一条东西向的道路绿带构成一个"井"字形的绿化形态结构。通过这一结构，使住宅区内的绿化与滨河开放空间建立了良好的联系。保留了基地原有的两方绿化，并有意识地通过景观设计来输导自然气流。

借鉴传统民居　多样性居住空间

低层住宅共10多种户型，建筑面积大小不等，每户底层私密性院落依据建筑类型和用地条件大小不等。多层住宅8种户型，底层住户设有私家院落。

建筑的尺度以小体量为原则，通过体块切割和组合，丰富建筑的造型。低层住宅的平面格局借鉴传统民居的特征，采用高墙院落布局形式。

七宝柳岸街邻

3号楼地下层平面图

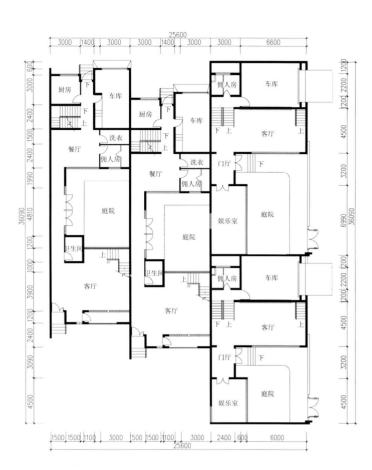

3号楼一层平面图

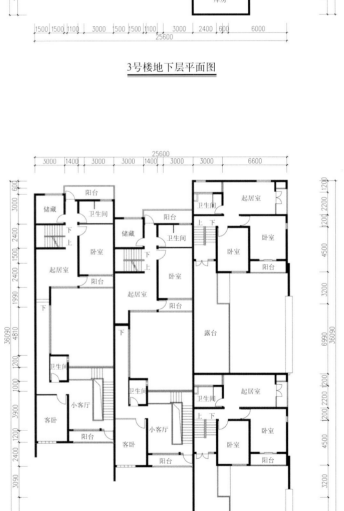

3号楼二层平面图

3号楼三层平面图

空间尺度分析图

空间层次分析图

住宅节能设计

设计中引入江南传统的开敞天井，既完善了住宅空间构成，营造了私密性的室外空间，又增加了拔风空间。外墙、屋顶、楼板均设发泡保温层。建筑西墙设置攀援植物网架，形成与住宅外墙有间隙的绿化隔热层。

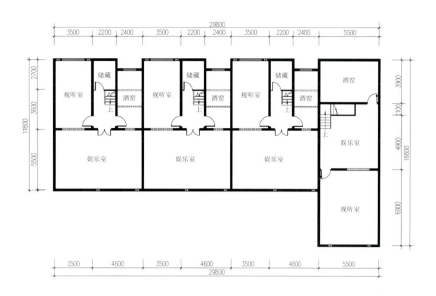

4号楼地下层平面图

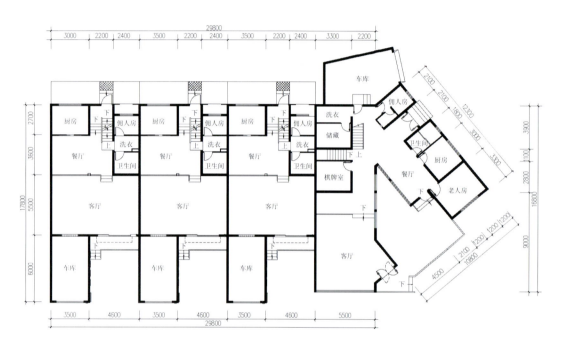

4号楼一层平面图

4号楼二层平面图

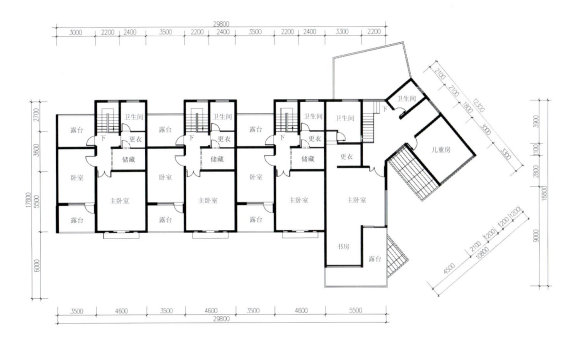

4号楼三层平面图

山水江南花园

楼盘档案

开发商　　中国宝安集团有限公司
设计单位　中建国际（深圳）设计顾问有限公司

经济技术指标

用地面积　7.213hm²
建筑面积　9.094万m²（计容积率建筑面积
　　　　　7.261万m²）
容 积 率　1.01
绿 化 率　40.2%
总 户 数　455户
停 车 位　489个

山水江南花园方案位于广东省惠州市西南。靠近城市道路的出入口，紧邻惠州市703地质学校和社区，通过小区道路与城市南三环相接。基地为平坦的山谷，周边山体靠近地面处为切口较大的挡土墙，地块狭长且封闭，周边山体为国有林地。

顺山就势的半封闭院落组团

用一个组合产品单元围合成半封闭院落，顺山就势，自然组合的院落形成组团，而各个方向生成的组团之间就产生变异的公共空间，从而形成内敛外放的传统中国空间感，同时保证用地的高效性。这种依山就势的组合产品单元布局也为户内提供良好的景观，保证项目整体品质。

根据地形形态 局部采用立体交通

在狭长而封闭的地块中，根据地形的形态，在狭长的中间地带布置北边主环路和南边小环路，在剩余的地块沿山体边布置尽端路。局部采用立交形式，下面为车行与车库连接，上面为人行或为住宅的院落，加强房子与山体的联系。这样既节约可建住宅用地，还可以根据地块形态保留完整适度的组团空间。

"曲 闭 敞 顺"的景观设计

在外部空间的景观设计上尤其能体现现代中式的居住气氛。曲：依山建路，自然区成，步移景迁；闭：使庭院空间与主要交通道封闭；顺：顺山就势自然组合院落形成组团；敞：让庭院空间复合景观道交融。

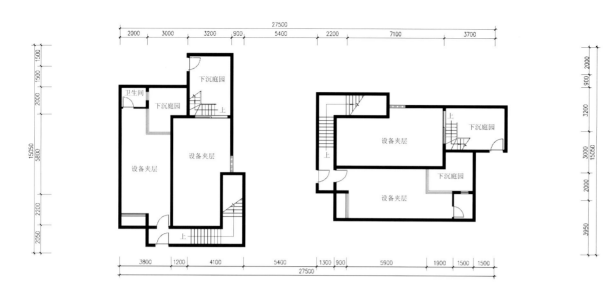

北转角单元地下室平面图

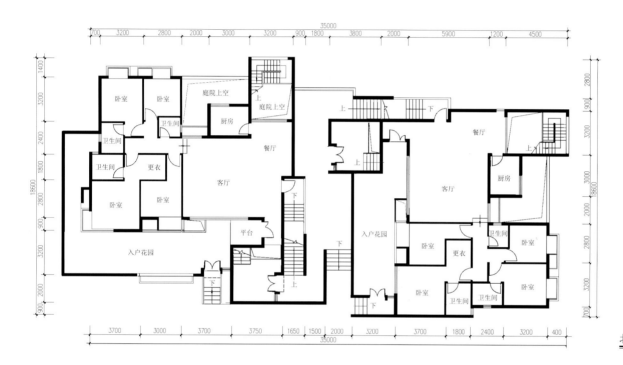

北转角单元一层平面图

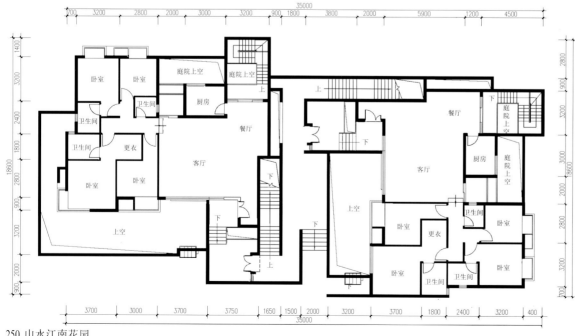

北转角单元二层平面图

250 山水江南花园

采用传统民居基本居住模式的单体设计

通过改变公共交通的组织方式，一层、二层从独立的私家小院入户，三层、四层经过公共楼梯从入户花园进入家中，丰富的入户体验强化了家的归属感。多层次开敞的公共楼梯也完全改变了原有多层住宅楼梯间狭小封闭的感觉。顺应规划理念，建筑造型设计取江南民居之神韵，建筑选材以灰瓦白墙为主，色调清新素雅，透过建筑主体之间围墙上的开洞与露窗，充满了中国传统文化的韵味。

组团一平面图

252 山水江南花园

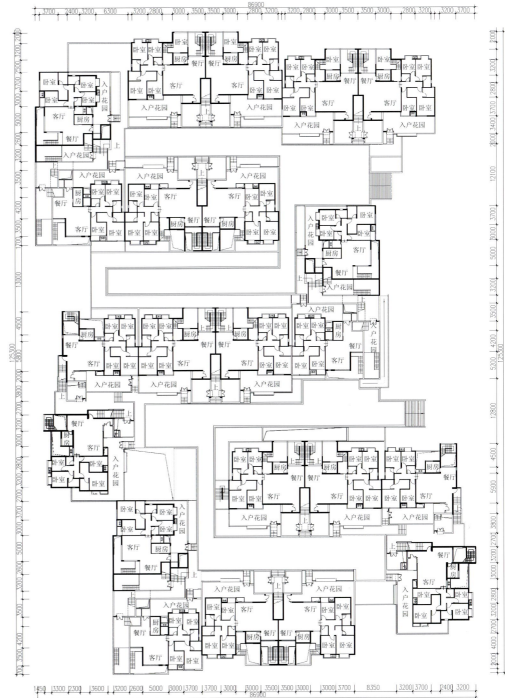

组团三平面图

山水江南花园 253

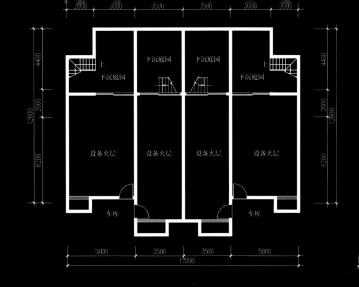

南梯标准单元地下室平面图

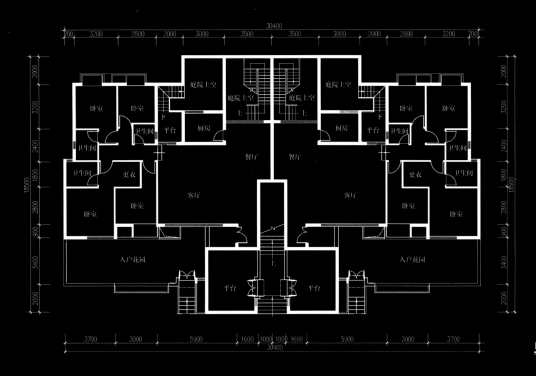

南梯标准单元一层平面图

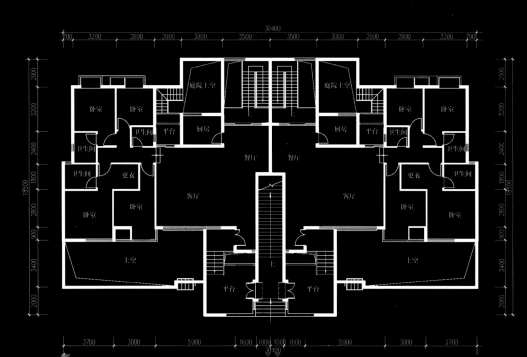

南梯标准单元二层平面图

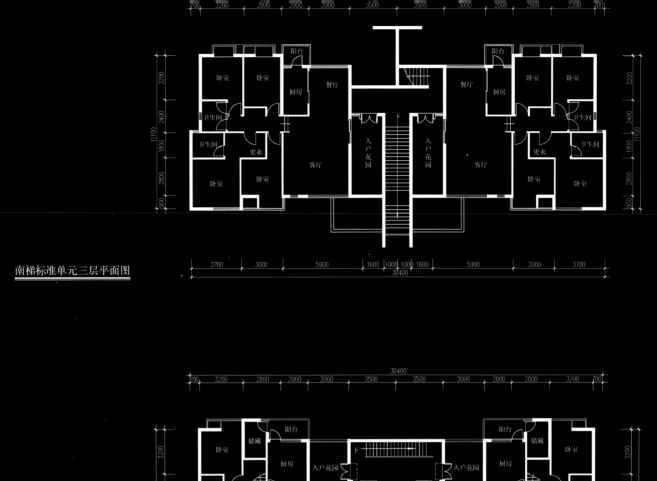

南梯标准单元三层平面图

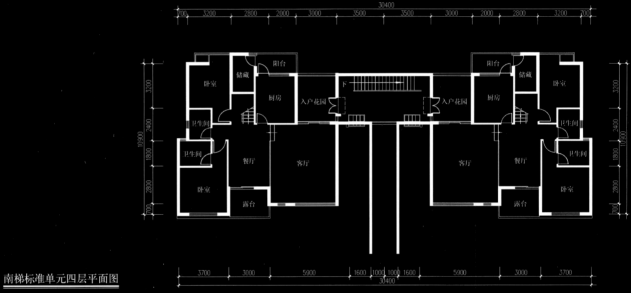

南梯标准单元四层平面图

南梯标准单元五层平面图

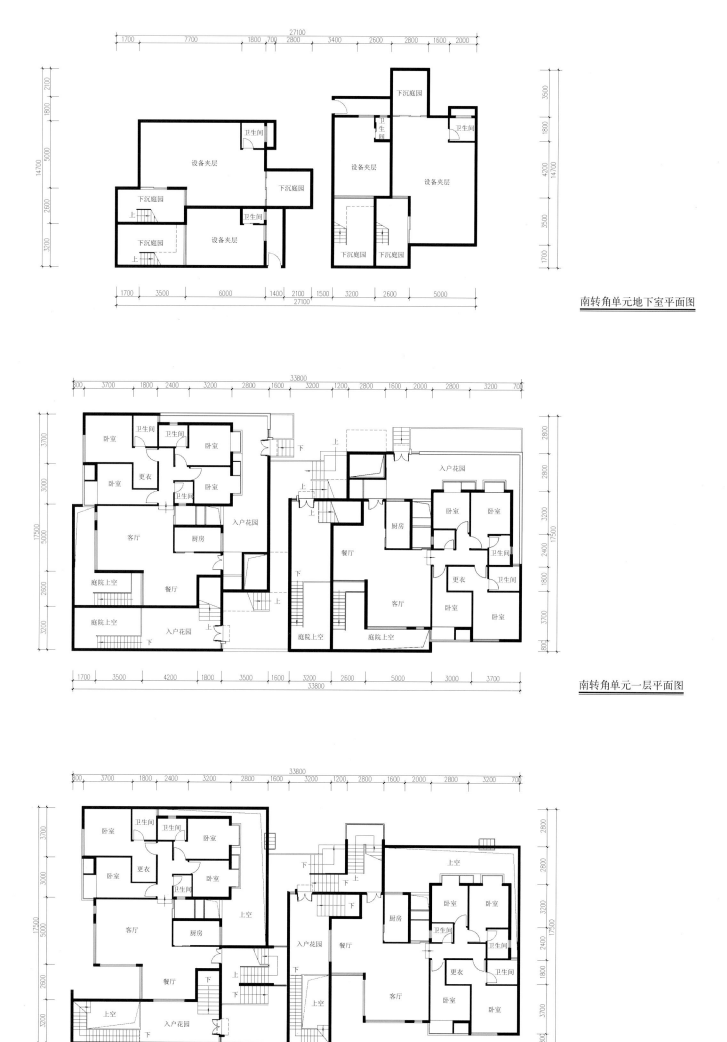

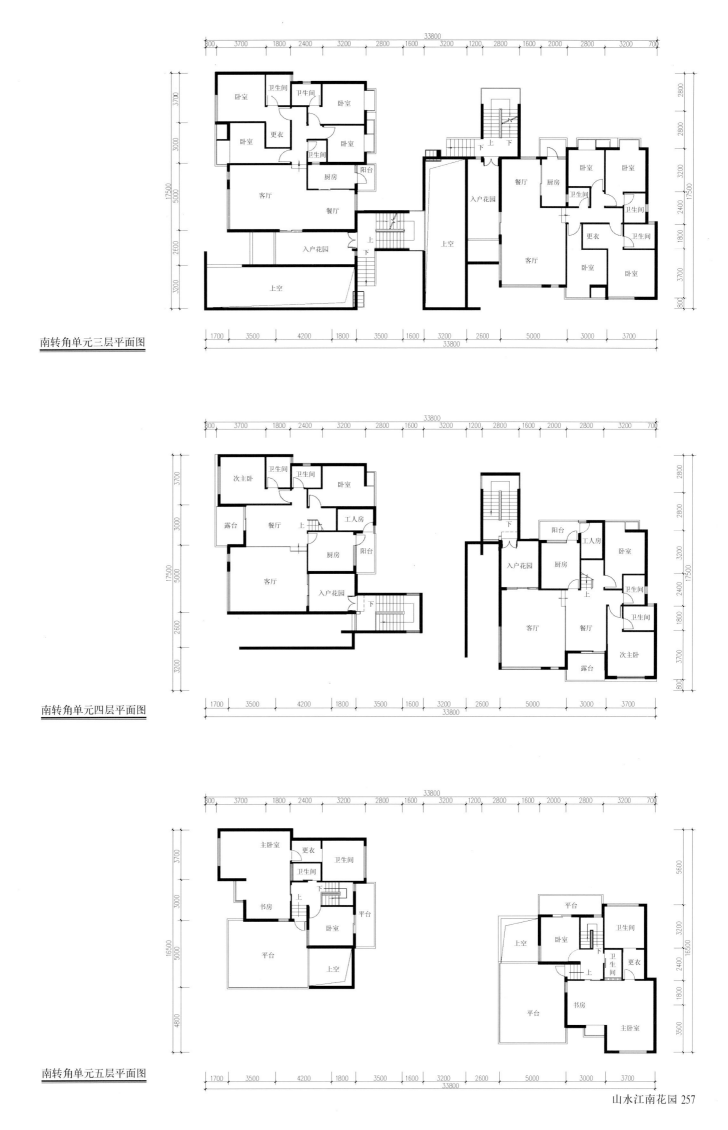

南转角单元三层平面图

南转角单元四层平面图

南转角单元五层平面图

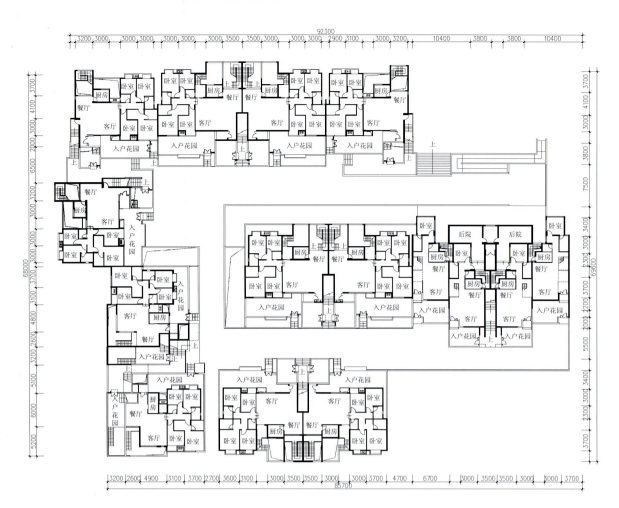

组团七平面图

258 山水江南花园

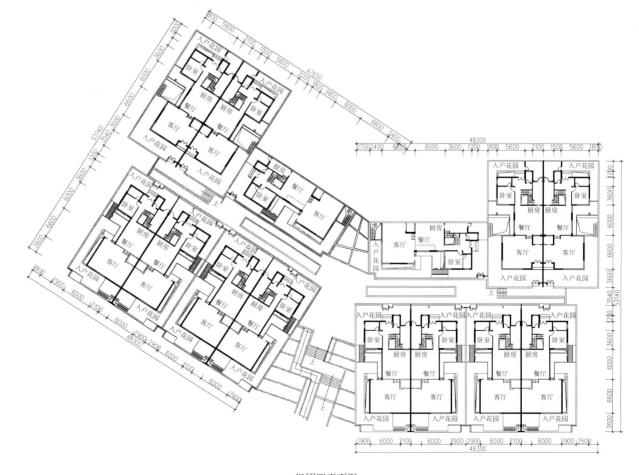

组团四平面图

松江九亭沪亭北路1号

楼盘档案

开发商　　上海招商置业有限公司
设计单位　中船第九设计研究院（上海）

经济技术指标

用地面积　13.463hm^2
建筑面积　9.718万m^2
容 积 率　0.7
绿 化 率　40%
总 户 数　455户
停 车 位　455个

沪亭北路1号项目地块位于上海松江九亭，东至沪亭北路，北至沪青平高速，南至亭子泾，西至相邻地块。占地134634m^2。

营造中心区域　构造邻里空间

尊重地形特征，建筑排放与周边道路大体平行，因地制宜地将绝大部分的建筑的排列形成南偏东朝向。在组团与组团之间，组团与景观之间设置提供给小区住户的步行道路，结合现状条件，形成以水景为主的中心绿化区域，并辐射全区。

明确的人车分行道路系统

地块的主干道偏向外围，在靠内环处设置了人行道，形成较为明确的人车分行，尤其使得环路内部的绿化带及水系更为完整而不被道路所割裂。机动车停车考虑地上半地下相结合，非机动车停车主要考虑住户院内解决，并于北侧绿化隔噪带内设置部分非机动车位。

因地制宜　丰富多元的景观设计

小区景观由水系构成南北景观主轴。溪流在小区中央形成一个扩大的湖面，水系从北向南，在几个住宅组团之间延伸出一段段小溪，自由地分隔出一段段半岛式的地形，形成宛如江南水乡的独特景致。

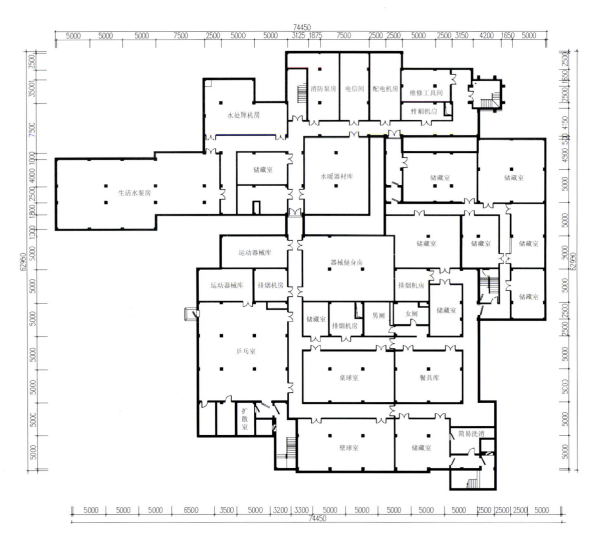

会所地下室平面

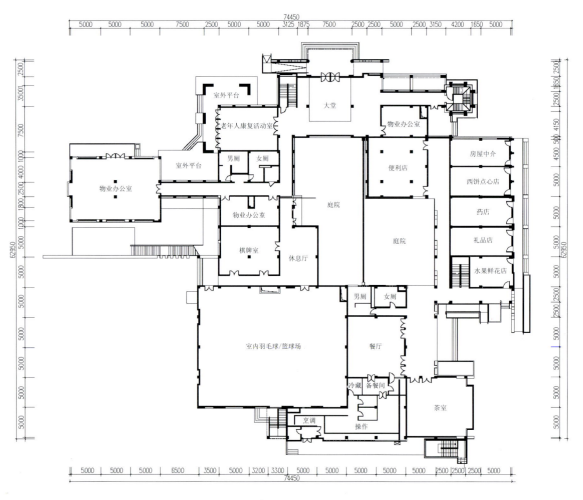

会所底层平面

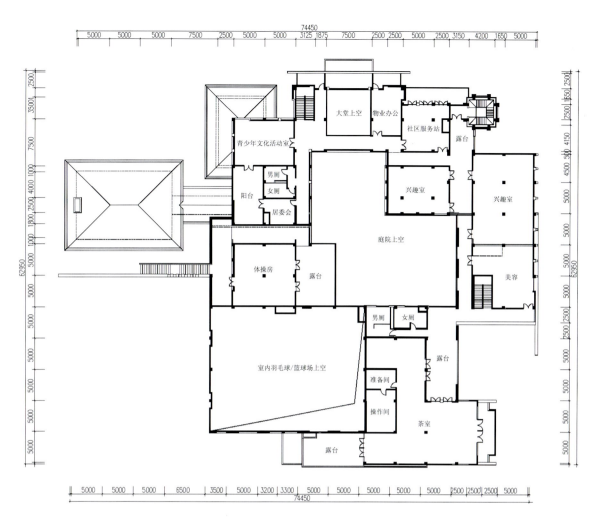

会所二层平面

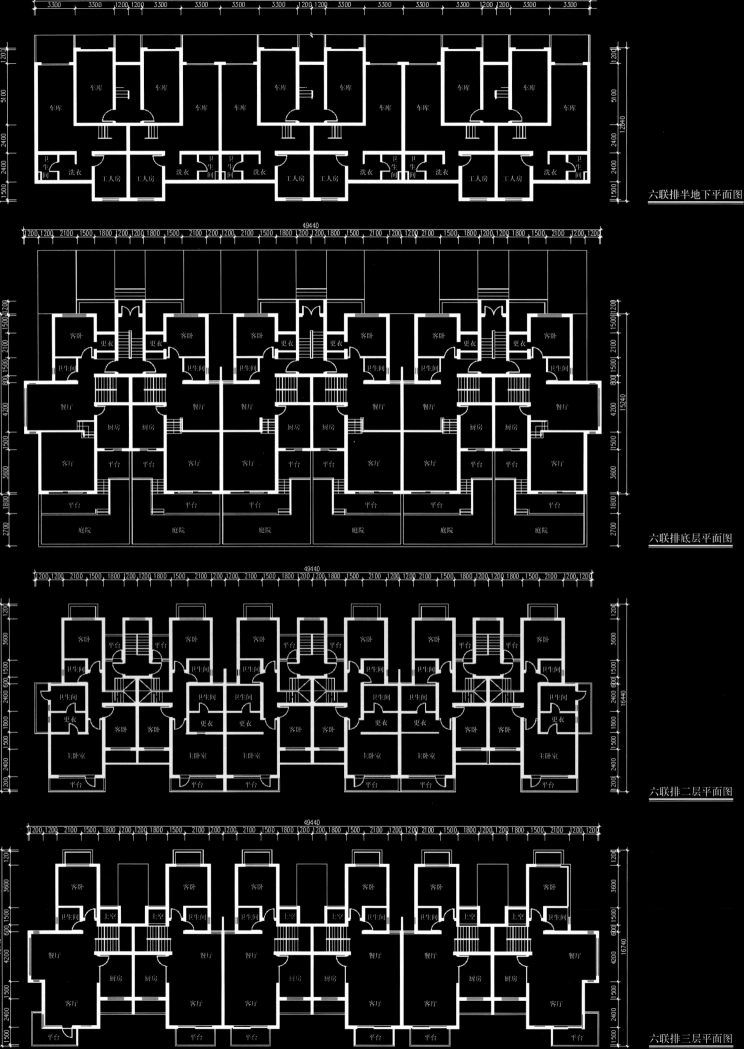

D2户型南立面图

D2户型北立面图

新古典建筑风格的立面

在此次造型设计中，考虑到九亭的地理位置、自然气候以及居民的生活习惯和文化传统之后，在建筑风格上采用新古典建筑风格，力求优雅，通过建筑体量以及材质的变化，营造现代亲切的居住气氛。

环保节能 降低能耗

采用新型的高科技墙体材料可增强保温隔热效能，降低建筑能耗。所有建筑内外填充墙采用节能新型墙体材料——加气混凝土砌块，外墙混凝土剪力墙表面采用保温砂浆粉刷。屋面采用挤塑型聚苯乙烯保温板，起到保温隔热的作用。

四联排半地下平面图

四联排底层平面图

四联排二层平面图

四联排三层平面图

四联排西立面图

四联排南立面图

四联排北立面图

高山御花园

楼盘档案

开 发 商　无锡市新燕房地产开发公司
建筑单位　中国建筑设计研究院陈一峰工作室
景观单位　中国城市建设研究院谢晓英景观设计工作室

经济技术指标

用地面积　3.787hm²
建筑面积　1.537万m²
容 积 率　0.251
绿 化 率　40%
总 户 数　30户
停 车 位　94个

高山御花园位于无锡市惠山区，锡澄路和文惠路交叉的东北角。地块呈长葫芦状，南北长约290m，东西宽平均150m。南临文惠路，西、北相临已建成开放的惠山区堰桥镇吴文化公园，东侧是浅河。地块共计建设用地37873m²，现状为荒废的地下采石山洞，地势比周围均低数米。

结合公共景观　两两成组布局

小区主入口设在地块东南角，由文惠路进入。东边临水并将水源延伸到西边，使进入小区跨过水面。靠近入口处结合公共景观布置管理用房形成公共活动区，并延伸一部分进入别墅区。住宅则沿地块南北向两两成组布局。

环状布局　简练流畅

因用地较小，小区主干道沿地块南北呈环状布局，简练流畅。主路为宽5m的双车道，担负小区机动车通行。而通向住宅地下停车库的次要道路宽3.5m，两户共用，提高利用率，减少硬地面积。

独特观景平台　方寸之地寻求变化

绿化分成公共景观带和私家庭院两部分。公共景观带主要设在主入口处，向东铺设木平台并延伸到湖面形成观景平台，借用地范围外的水面；向西北结合住宅和坡地，直线条元素组成的绿地、叠泉穿插其中，在方寸之地寻求变化。

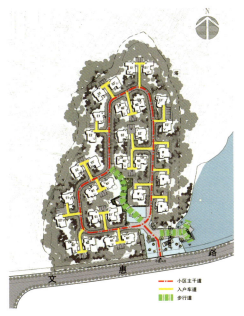

交通分析图

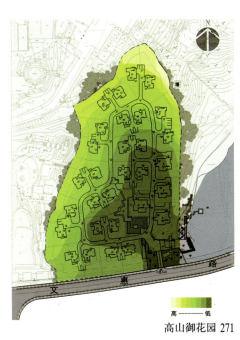

高程分析图

顺应地势 平缓接壤

小区内部竖向考虑顺应周围地势填土，与周围平缓接壤，平均坡度3.5%。靠近文惠路的南半部分稍平缓些，平均坡度3.5%，北半部分平均坡度4.5%。单体的室外地坪根据所处位置，比对应的道路标高高出0.45~1.3m不等。

吸取传统元素 符合时代特征

顺应地形竖向特点，住宅平面多为错层设计，平面上不同使用功能的房间充分考虑相互的交融与沟通，使室内空间灵活流动。每户的室外庭院也结合地形局部下沉，解决地下室采光的同时，丰富了庭院空间。

形象上吸取中国传统建筑元素，但以现代材料及手法演绎，体现了浓郁的中国文化情节。根据平面布局的特点，不同形式的坡顶穿插组合，连同悬挑的阳台、凸窗，形成丰富多样的建筑外轮廓线。

N1户型地下层平面图

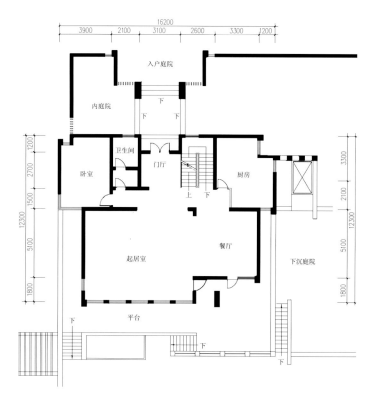

N1户型一层平面图

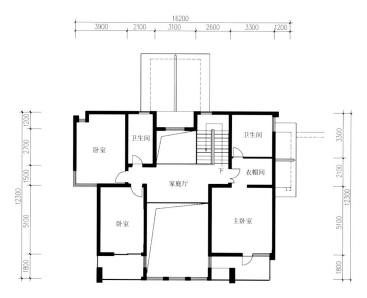

N1户型二层平面图

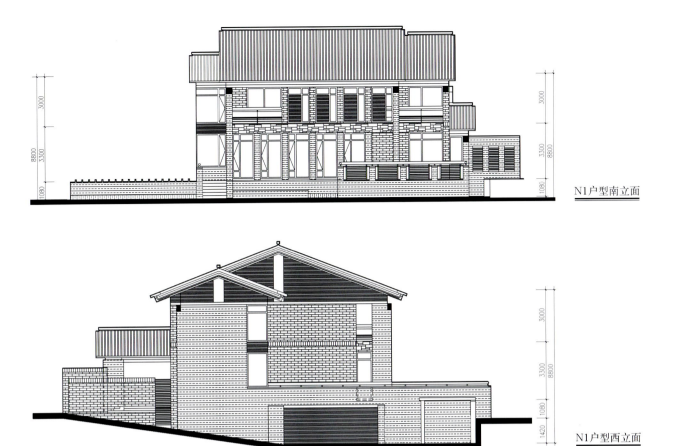

N1户型南立面

N1户型西立面

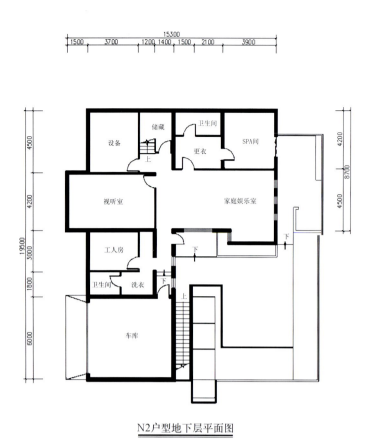

N2户型地下层平面图

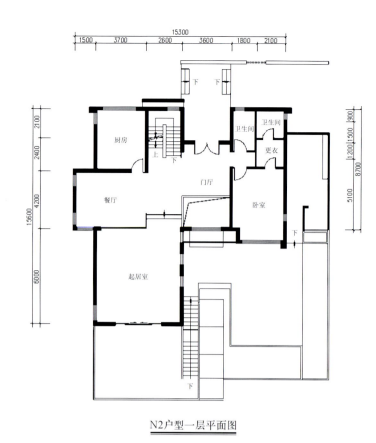

N2户型一层平面图

N2户型二层平面图

274 高山御花园

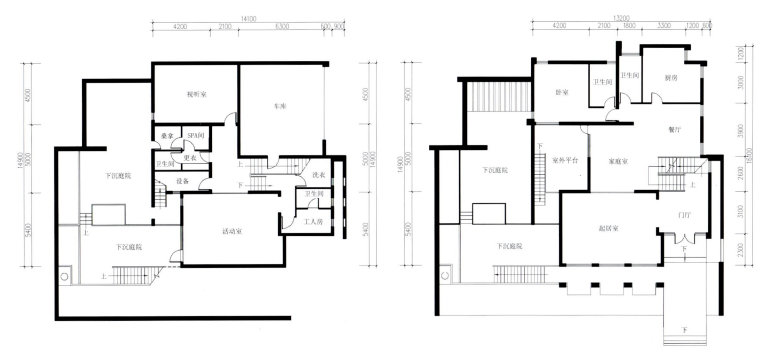

S1户型地下层平面图

S1户型一层平面图

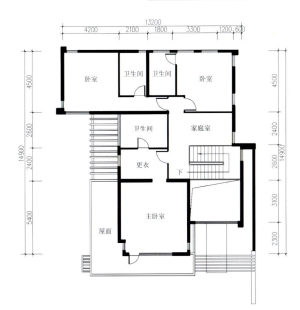

S1户型二层平面图

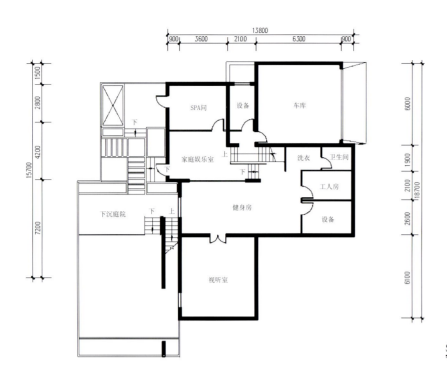

S2户型地下层平面图

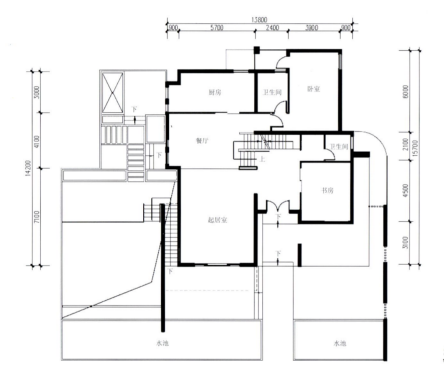

S2户型一层平面图

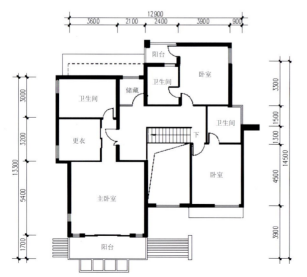

S2户型二层平面图

南湖别院

楼盘档案

设计单位　清华大学建筑设计研究院

经济技术指标

用地面积　3.38hm²
建筑面积　1.31万m²
容 积 率　0.39
绿 地 率　59.6%
停 车 位　80个

南湖别院建筑用地位于江苏省徐州市风景秀丽的云龙湖风景区，北临玉龙湖，东侧远望云龙山，南侧是近年新开挖的小南湖，用地在一片半岛上，三面环湖，景色优美。建筑内容分两部分，一期工程为旅游度假酒店，该部分用地面积3.38hm²。

院落组合空间　融入自然景观

项目位于半岛的位置，最具特色的是周围的水面环绕用地。规划设计将外围的湖水通过几条水系引入用地内部，在用地内形成几个富有特色的水湾，主要建筑面向内水湾展开，这样既实现了所有建筑都能够亲水，同时避免了大量建筑面向外部水面而对湖面周边景观产生的压迫感。

外部环路　内部支路

交通体系规划为外部环路和内部支路两部分，外部环路自然将用地分为度假酒店及度假村两部分，内部支路联系干路及各个度假村院落。在北侧面临湖堤路的退线范围之内规划设置半地下停车库，上部做屋顶绿化。

把握两种景观要素　保持景观完整性

沿湖堤路，所有建筑后退70m，作绿化过渡，局部设置地下停车场。在半岛外围临水部分，规划了20～30m的绿化带，保证有充足的绿化将建筑隐藏在景观里。让整个半岛成为小南湖外部景观的有机组成部分，保持小南湖整体景观的完整性。

交通流线图

景观系统图

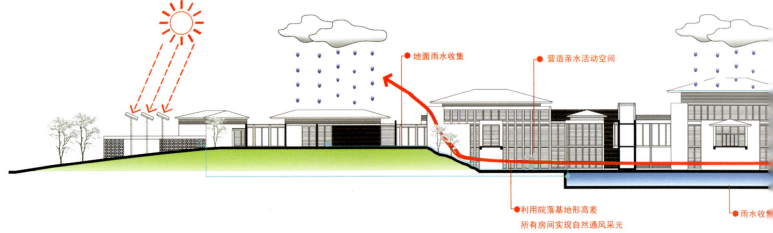

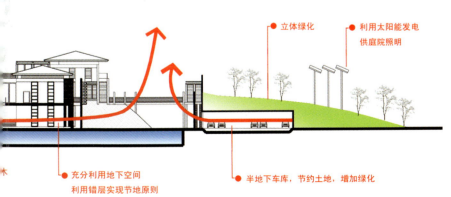

生态示意图

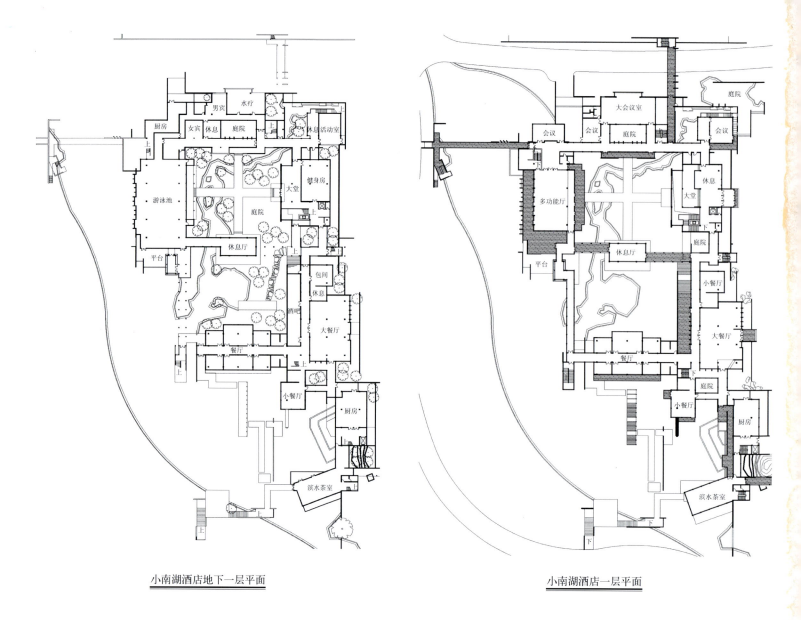

小南湖酒店地下一层平面

小南湖酒店一层平面

提取传统元素 现代主义别样别墅

特色度假酒店以景观为主线联系建筑各部分，整个建筑分为两个主要院落空间，南北两部分通过通廊联系。各部分功能区域通过景观化的外部空间相联系。设计充分利用地势条件，由于建筑首层主入口标高太高，院落延伸到地下一层，所有房间实现自然通风采光，并借助绿化水体等布置，营造宜人的使用环境。

一期度假酒店采用传统的院落式布局，通过几个内外连通、相互串联的院落，将分散的建筑组合成一个整体，营造出传统韵味浓郁的内外空间性格。

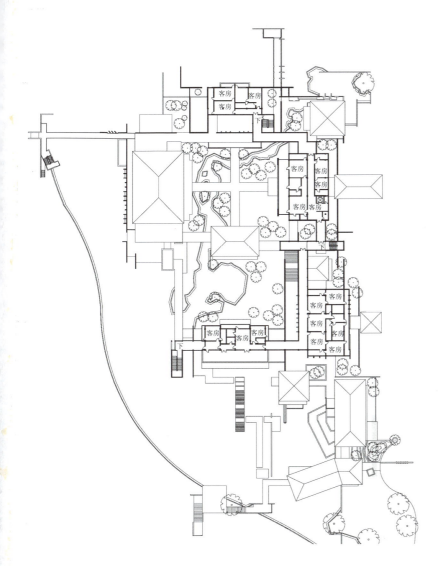

小南湖酒店二层平面

人居动态 IV
2007
全国人居经典建筑规划设计方案竞赛获奖作品精选

图书在版编目（CIP）数据

人居动态IV 2007全国人居经典建筑规划设计方案竞赛获奖作品精选/韩秀琦，
郭志明，陈新主编．—北京：中国建筑工业出版社，2007
ISBN 978-7-112-01068-4

Ⅰ.人… Ⅱ.①韩…②郭…③陈… Ⅲ.住宅-建筑设计-作品集-中国-2007 Ⅳ.TU241

中国版本图书馆CIP数据核字（2007）第143088号

主　　　编	韩秀琦　郭志明　陈新
责任编辑	常燕
特邀编辑	张曦　刘婷　许丹
策　　　划	北京东方华脉建筑设计咨询有限责任公司
	北京市西城区车公庄大街9号五栋大楼B1座6层
	（邮政编码100044）
	http://www.df-hm.com
	Email:dfhm1@vip.sina.com

设　　　计	北京东方华脉图文影像
出版发行	中国建筑工业出版社
经　　　销	各地新华书店、建筑书店
印　　　刷	北京盛通印刷股份有限公司
版　　　次	2007年9月第一版
印　　　次	2007年9月第一次印刷
印　　　张	17¾
开　　　本	220×300　1/16
字　　　数	550千字
印　　　数	1-3500册
书　　　号	ISBN978-7-112-01068-4
	(14618)
定　　　价	298.00元

版权所有　翻印必究
如有印装质量问题，可寄本社退换
（邮政编码100037）